扇状地の都

京都をつくった山・川・土

藤岡換太郎・原田憲一

小さ子社

はじめに

京都に都が移されて「平安京」ができたのが西暦794年で、今年で1230年になります。明治になって東京に移されたのが西暦1868年なので、都は1000年以上続いたことになります。1895年には遷都1100年を祝って平安神宮が建てられました。1994年には建都1200年のお祝いがありました。毎年10月22日に行われる時代祭は桓武天皇の平安遷都から始まります。このことは誰でも知っていることですが、なぜ都が京都に作られたのか。なぜ奈良や滋賀や大阪、そして京都府の長岡では長続きせずにだめだったのでしょうか。

都を天皇の住まいだとすれば、天皇は1000年の間京都から動いたことはありませんでした。奈良の飛鳥に都が定められてからは幾度も遷都が行われてきましたが、平安京はなぜ1000年もの長い間続いたのかは多くの研究者の疑問でした。

そもそも平安京に関する本は昔から星の数ほども出版されてきました。歴史学者、地理学者、文学者などさまざまな分野の人がそれぞれの立場で書いた本が巷にあふれていました。しかし平安京の成り立ちや存続を地球科学的な立場で論じた本は皆無に等しいようです。

私は京都に生まれて18年間を京都で過ごしました。今住んでいる東京はすでに52年にもなり、約3倍の長さを東京で過ごしてきました。京都では鴨沂《おうき》高校1年の折に上田正昭先生に堺につれて行っていただいたり、父親（地理学者の藤岡謙二郎）の関係で橿原考古館（現奈良県立橿原考古学研究所附属博物館）の伊達宗泰さんに頼まれて発掘の手伝いに行ったり、高校3年の折には奈良（飛鳥）へしばしば出かけています。小学校の時に『北白川こども風土記』という本を同級生48人で書いた折に、北白川の扇状地の話を父親から聞いて書きました。東京へ移って地球科学を専門にしてからは、京都のことはほとんど忘れていました。

古希を迎えて京都の昔の姿、京都の地形や地質、そして歴史や文化に関心を持ち始めました。そのような折に昔の仲間であった原田憲一さんが京都に戻ってきていて、飲み会をやっているうちに小さ子社の原宏一さんから、京都はなぜ１０００年もの間都であり続けたのかを地球科学的に解明してはと持ちかけられました。そして京都がなぜ都になれたのかという本を2人で書こうと決めたのでした。

平安京の成り立ちについて、これを地球科学的な立場で述べることに地球科学関係の人達はあまり関心を持たなかったのではないでしょうか。そして地球科学以外の分野の人は、地理学の分野の人を含めて、そのような視点から見るということに慣れていなかったためではないかと思われます。

この疑問に答えるために我々は地球科学の立場から考えてみました。藤岡は地形や地質に明るく、原田は資源や文化に明るいので、2人が集まれば、ほぼこの本のテーマを解明できるのではないかと考えてスタートした次第です。

本書は4章から構成されています。

第1章は京都の成り立ち、いわば系譜です。約5億年前から現在までの近畿と京都の大地の変遷を扱っています。長い間の地殻変動の結果平安京の地盤ができたこと、奈良から始まった都城がなぜ変遷を遂げて平安京へ移ったのかを議論します。ここで扇状地に着目します。

第2章では平安京を襲った災害について見ていきます。天災以外に人災とも言える火災が多かったことが平安京の危機になったことを見ていきます。平安時代は鴨長明の記述も見ていきます。

第3章では平安京を維持するために必要な資源は京都盆地内や周辺の山間部で採取できたこと。そして金銀銅などの希少資源は、遠く奥州は平泉や周防(山口)からもたらされたことを見ていきます。

第4章ではこの都がなぜ1000年間も維持出来たのかをさまざまな角度から検討する対

ています。

談を、南禅寺近くの無鄰菴で行いました。対談では主に東京と京都の対比で話を締めくくっ

終章では東京と京都の違いをもう一度洗い直しました。そして京都は扇状地、東京は三角州という大きな違いに気づきました。

地球科学的な側面から平安京の盛衰を見つめるような本は初めての試みかもしれません。文化系の方々のお口には合わないかもしれませんが、多くの方々がこのようなテーマとそのアプローチに少しでも関心を抱かれ、この小著にご批判、ご意見を賜れれば幸いです。（藤岡）

目　次

第1章
地球科学から見た平安京の系譜

1-1　都とは

都の機能

そもそも「都」あるいは「都城」とは何なのでしょうか？　辞書などで探ってみると、「天皇が住んでいるところ」、「政治の中心であること」などがあげられています。

しかし、それだけではないのです。天皇の元には、全国から、時には朝鮮や中国、東南アジアなどからさまざまな文物が献上品として集まってきます。歌や踊りといった歌舞音曲から、焼き物や織物といった工芸品までです。地域色豊かで洗練されているとは言い難いものの、いずれも天皇に披露し、献上するに値すると評価されたものばかりです。それらが宮中や上流社会で鑑賞されたり、使用されたりしているうちに、「用の美」を離れて洗練され、雅なものへと進化してゆきます。たとえば室町時代に完成した能は、奈良時代に中国から伝わった大衆娯楽の散楽《さんがく》です。民間に流れて猿楽や田楽に取り込まれたものが洗練されて室町時代に能が成立しました。同様に、都にもたらされた各地の名物料理も宮中に取り込まれて、器なども共に洗練されて宮廷料理に取り込まれました。そうした文物は、たとえば御所人形や銀細工のように、地方の豪族に下賜されたり、土産物として持ち帰られたりすると、それが一つのモデルとなって地方の文化水準を高めます。和歌から俳諧が生まれたことや、農民が演じる山形県の黒川能は代表例と言えるでしょう。文化的洗練と発信が都の大きな機能です。

文化情報の発信基地としての京都

平安京*には天皇が居住し、そこが政治の中心であったので都と言えるでしょう。しかし、鎌倉時代（１１８５～１３３３）や江戸時代（１６０３～１８６７）には政治の中心は鎌倉や江戸にありました。また、南北朝時代（１３３６～１３９２）には天皇の住居は京都（北朝）と吉野（南朝）にありました。福原遷都（１１８０）という、平清盛が安徳天皇を連れて神戸の大輪田泊《おおわだのとまり》へ移ってしまった事件がありました。【コラム１「平安京の危機」参照】たった１７０日間の都を遷都というかどうかですが、それはともかくそういう点では、厳密に言うと京都に政治の中心としての都があったのは、約６００年ということになります。しかし、天皇の居住地である都は、平安時代の桓武天皇から幕末の孝明天皇までの１０７３年間の間に一度も移動はしていないのです**。

しかも、その間、京都は最先端の文化情報の発信基地として、すなわち都として機能していました。たとえば、絹織物や焼き物などの高級品は平安時代から京都で作られ、今でも名声を保っています。しかし、源頼朝が幕府を開いた鎌倉では、鎌倉彫以外の伝統工芸品は現存しません。名物料理もあまりありません。鎌倉期には武士の必需品である日本刀が山城（京都府南部）、備前（岡山県南東部）、豊後（大分県）などで盛んに作られました。鎌倉時代後期になって、京都粟田口の刀工が鎌倉に招かれて名刀が鍛えられたものの、その伝統は残されていません。平安京で確立していた問屋制度や分業制度などの生産体制が組織的に移転することがなかったからです。

江戸では庶民文化が花開いたことから、庶民の日常品が盛んに制作されましたが、『江戸職人図聚』（三谷一馬、２００１）を見ても、洗練された高級品はありません。また、武士の要求に応えてさまざまな武具が制作されましたが、やはり実用品レベルのものでした。江戸庶民が楽しんだ寿司、天ぷら、うなぎ、蕎麦《そば》などは今や日本を代表する食べ物になっていますが、当時はいわゆるＢ級グルメで、料亭が提供する会席料理などはまだ当時の庶民には高嶺の花でした。

こうした文化の点から見ても、京都は明治維新までは都であり続けたわけです。実際、今でも京都では皇室を支えるさまざまな調度品や日常品が一流の職人によって手づくりされています。また、京都には古くからさまざまな庭園が造られてきましたが、七代目小川治兵衛《おがわじへえ》と重森三玲《しげもりみれい》は、それぞれ明治と昭和を代表する作庭家です。そうした新旧の名庭園は多くの庭師によって管理され、造園の技術は保持されています。神奈川県寒川町の寒川神社《さむかわじんじゃ》の社殿奥にある、２００９年に作られた池泉回遊式日本庭園「神嶽山《かんたけやま》神苑」も、京都から庭師を呼んで造園したそうです。京都にはまだ都としての文化発信機能が残っているのです。

都が１０００年動かなかったのはいったいなぜなのか。そのことに地球科学の立場から迫ってみようというのが本書の執筆を始めたきっかけでした。

＊平安京ができる前は、この地は当然「京都」とは呼ばれていませんでした（「京」も「都」も「みやこ」の意）。この地を「京都」と言い始めたのは平安時代末頃からのようですが、本書では、平安京のできる前から、現在までを通じて、この「平安京」周辺地域のことを「京都」と言います。

＊＊明治政府は東京への「遷都」を宣言したことはありませんが、本書では１８６８（明治元）年の明治天皇の最初の東京行幸を事実上の遷都として扱います。

都（都城）の成立条件

天皇が住んでいる場所は都ですが、それが立地するための地球科学的な条件を考えてみました。以下にいくつかの条件と言えるものを列挙してみました。

①平坦で広い場所（土地）であること
②地表に水が豊富にあること
③良質な地下水があること
④水はけのよい地面があること
⑤土地の生産性が高いこと
⑥地震に強い固い地盤があること
⑦各種資源が周辺に存在していること
⑧天然の要害であること
⑨交通の要衝であること
⑩山紫水明であること

等が考えられます。

これら以外の要素として、日下雅義（２０１２）のように大地形が重要な要素であると考えている人もいます。

上に見た①から⑤は表層の地質に関係があります。天皇の住まいや、政治を司る廟堂《びょうどう》（大内裏）や政治家（貴族）、役人の住居などがなければなりません。そのためには平坦で広い場所が必要です。②〜⑤は水に関係したことです。生活に必要な飲み水や農業などに必要な水です。⑧・⑨は交通関係で、街道や水運に関係します。近郊からは木材、石材、食糧などかさばるものを運び、遠地からは金、銀、水銀、鉄、銅など嵩《かさ》の小さな資源を運搬するための道が必要です。⑥・⑦は地盤や地質に関係があります。度重なる地震や水害に耐えるような都市の地盤が必要です。そして、⑩はどちらかというと景観と地質・地形・気象条件などです。縄文時代の遺跡も段丘の縁辺部、日当たりがよく見晴らしの良い場所に存在しています。人間は生活の利便性に加えて風光明媚《ふうこうめいび》な場所に心の安らぎを感じるのでしょう。

天然物が「資源」になるまで

ここで⑦の資源について、詳しく見てみましょう。

資源とは、現在の技術で経済的に利用可能な、有用な天然物を言います。たとえば、海水中には大量の金が溶け込んでいて、抽出技術も確立しています。しかし、海水中の低濃度な金を濃集するには莫大なコストがかかるので、海水から抽出した金は陸上鉱山産の金に比べて高すぎて売れません。一方、金鉱床には平均的な岩石に比べて、数千倍も金が濃集しているので、比較的安価に抽出できるのです。このように、ある有用物質が資源となるためには、一定の地域内にある程度以上に濃集している必要があります。

たとえば水資源の場合、中小河川の水量は季節や天候によって大きく変動して安定的に利用できないので、資源になりません。しかし、地下水は水量が安定しているので資源となりますが、過剰に使用すると枯渇します。今日ではダムで大量の水をせき止めて資源化しています。

また森林資源と言った場合、単に手付かずの山があればよいだけではありません。山奥まで入り込み伐採した木材を運搬用の水路にまで運ぶための木馬道《きうまみち》（木道）を整備する必要があります。伐採した木材を筏《いかだ》に組んで流すために、木材の集積場を整備する必要があります。こうした働きかけがあって初めて、手付かずの森林が資源となるのです。ちなみに筆者らは中学・高校時代には北山にハイキングに行ったものですが、当時はまだ木馬道が残っていて、そこを歩いて谷を渡ったものです。しかし、トラックが普及すると、林道が切り拓かれて木馬道は消えました。

資源と技術

たとえば、旧石器には火山岩や変成岩、堆積岩などさまざまな石が使われていました。しかし、切れ味の優れた新石器になると日本では主に黒曜石、ヨーロッパではフリントという硬くて緻密なガラス質の岩石しか使われなくなります。技術の進展には、新しい資源が必要になるのです。同じことは土器についても言えます。縄文時代と弥生時代の土器は全国各地から出土しますが、高温で焼成する硬くて水漏れしない陶器になると、現在も生産が続いている「日本六古窯《こよう》」（瀬戸、越前、常滑《とこなめ》、信楽《しがらき》、丹波、備前）に代表されるように、産地は限られてきます。さらに高温で焼く磁器になると、有田、九谷、清水《きよみず》、美濃、瀬戸など、もっと限られるようになります。たとえ技術があっても資源がなければ製品は作れないのです。

身近に資源がない場合、遠くから運搬されます。たとえば、三内丸山《さんないまるやま》遺跡（青森県）からは、周辺で産出しない翡翠《ひすい》、地瀝青《ちれきせい》（天然アスファルト）、琥珀《こはく》、黒曜石などが遠方から運び込まれていました。当然ながら、金・銀・水銀・銅・鉄などあまりかさばらない希少な資源が遠方から優先的に運ばれました。重くてかさばる石材や木材などは、熱機関が発明されるまでは、なるべく身近な所から舟運を利用して調達しました。

縄文人は、黒曜石（隠岐、和田峠、神津島《こうづしま》、北海道）、翡翠（糸魚川）、天然アスファルト（秋田・新潟）、ゴウホラ貝（沖縄）、琥珀（岩手）などを交易していました。また、さまざまな地域の土器が全国規模で伝播していました。これは土器そのものが流通していたのではなく、技術を持った人間が往来した結果と考えられています。

当時の人的移動には尾根筋や中小河川、沿岸航路などが利用され、特に尾根筋の道は後にマタギや修験者《しゅげんじゃ》（山伏《やまぶし》）に利用されました。こうしたことから考えると、古墳時代の人々は、日本国内に産する資源、交通網（水路や陸路）、大地形などについて相当な知識を蓄えていたと考えられます。たとえば、近畿地方は日本列島のほぼ中央にあり、奈良盆地には当時最高級の貴重品であった水銀が豊富に産するなどです。実際、『日本書紀』や『古事記』に描かれる神武東征《じんむとうせい》は近畿地方の、特に奈良に産する水銀の独占を狙って行われたという説もあります。

都のかたち

都の立地条件に戻ります。

藤原京（694〜710）は中国の都城を参考にして造られた、日本で初めて条坊制を取り入れた都ですが、平安京も唐の都を模したために、玄武《げんぶ》・青龍《せいりゅう》・朱雀《すざく》・白虎《びゃっこ》の四神《しじん》がそろった、東西南北に霊験ある聖獣を置いた正方形に近い形に造られました。古代中国で信じられていた、天は円、地は方形に象《かたど》られた、「天円地方《てんえんちほう》」構造に従っているからです。そして、方位としては北極星のある北が重視されているので、都の北に御所が設けられています。

ちなみに中国の漢時代の紀元前2世紀頃から紀元2世紀頃に登場する方格規矩鏡《ほうかくきくきょう》は、鏡の円形に方格規矩文の方形を組み合わせて天と地を表し、その間に規則的に置かれたT・L・V字形の規矩文が天と地を繋ぐという宇宙の図式が展開します。

都市の道路は主に碁盤の目（条坊制）が敷かれています。矩形は家を建てるにも交通にも便利です。さらに、水路が設けられた平城京は非常に住みやすい都であったと思われます。し

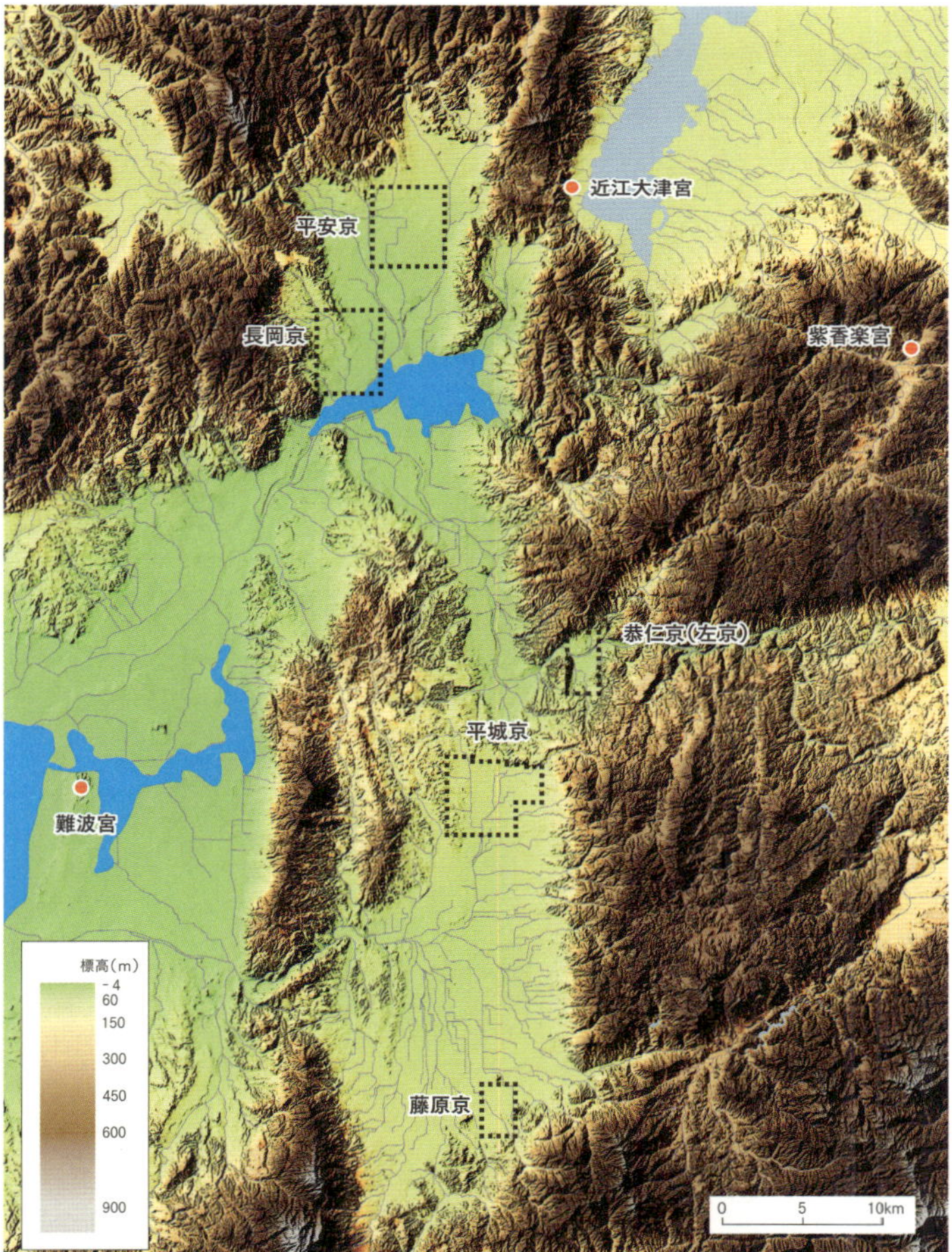

図1 日本古代の主な都の位置（基図：国土地理院基盤地図情報より作成。垂直方向（高さ）は10倍に強調。以降の同様の地図も同データに基づく。河川は国土数値情報による。大阪湾の水域や巨椋池などは、公益財団法人京都市生涯学習振興財団編 2021 p17をもとにしたイメージ）

④水はけ	⑤土地の生産性	⑥地盤	⑦資源	⑧要害	⑨交通	⑩風景
×	△	×	×	×	○	△
×	△	×	×	×	○	△
×	△	×	×	×	○	△
×	×	○	×	○	△	○
×	△	△	×	×	○	△
○	△	△	△	×	○	△
○	○	△	×	△	○	○
×	△	○	×	△	△	×
×	×	×	×	△	△	×
×	○	△	△	△	○	○
○	○	○	○	○	○	○

かし、それでも都は何度も遷都されています。遷都は先に挙げた条件以外の事柄にも左右されていると考えられます。

度重なる遷都

都は飛鳥、近江大津宮、飛鳥浄御原《きよみはら》、藤原京、平城京、恭仁《くに》京、難波《なにわ》京、紫香楽《しがらき》宮、平城京、長岡京と、奈良県、大阪府、滋賀県、京都府と変遷しています。平城京以前は天皇が変わるたびに遷都していたようで、それが恒例だったようです。平城京になってからの遷都の主犯は聖武天皇で、彼が一番多く遷都を行ったのでした。遷都の原因は主に陰陽師による占いの結果や兄弟の骨肉の争いや、疫病の流行、などが考えられてきました。しかし、遷都の原因は本当に今まで考えられていたことだけでしょうか。少しその原因の一端を地球科学的に見ていきたいと思い

表1　都城の変遷と立地条件

都城	年代	面積(東西×南北km)	天皇	①起伏	②河川	③地下水
飛鳥板蓋宮	643	?	皇極	平坦	小河川	△
難波長柄豊崎宮	645	?	孝徳	平坦	小河川	△
飛鳥宮	655	?	斉明(皇極)	やや起伏	小河川	△
近江大津宮	667	0.4×0.7	天智	斜面	無	×
飛鳥浄御原宮	686	?	天武	平坦	小河川	△
藤原京	694	2.1×3.1	持統	平坦	小河川	○
平城京	710	4.3×4.8	元明・聖武	平坦	大和川	○
恭仁京	740	0.56×0.75	聖武	平坦やや斜面	木津川	△
紫香楽宮	742	?	聖武	斜面	無	△
長岡京	784	4.3×5.3	桓武	やや斜面	桂川	○
平安京	794	4.5×5.2	桓武	平坦	鴨川	○

ます。

最初に挙げた都の立地条件を満たしている場所はどこでしょうか？　表1に、飛鳥板蓋宮《いたぶきのみや》から平安京までの都についてまとめてみました。

奈良の都（飛鳥、藤原、平城京）はどこも比較的平坦な土地で水回りに関しても満たしています。

大津宮は平坦というよりは斜面です。琵琶湖西岸断層の斜面にできた崖錐《がいすい》扇状地が南北に細長く連なっている地域です。ここでは平坦な土地は手に入れるべくもなかったのですが、なぜか天智天皇は遷都しています。それは韓国での騒乱、白村江の戦いと関係していると言われていますが、大津宮は短命な都でした。

紫香楽宮（大きさ不明）も同様に狭くてやや斜面に作られました。

恭仁京は、水回りは木津川があってよかったのですが、政治に関与する建物や政治を行う人達の家を建てるには面積が足りなかったように思われます。

大阪の難波宮は港（難波津）が近くにあって物資や人の移動には便利だったのですが、難波津の港が淀川から運ばれる土砂によってどんどん埋め立てられたために、港や都としては適切ではなかったと考えられます。また大阪湾の高潮の影響も受けたようです。南海トラフの地震で発生した津波の影響も受けたことが地震史に記載されています。

長岡京は、奈良の都が怨念のかたまりであったためにそこから抜け出るために京都へ移ったものと考えられてきました。長岡京は平坦で、面積も広く、かなりいい条件であったのですが、桂川と巨椋池《おぐらいけ》の度重なる大洪水に悩まされたために北の平安京へと移らざるを得なかったようです。

そうして見ると、上に挙げた条件をすべて満たしている平安京が、地勢的には一番有利であったことが読み取れます。

平清盛が都を移した大輪田泊はたった170日の間しか天皇はいませんでした。後ろは山で前は海で守りには優れていると思われたのですが、のちになって源氏（源義経）の鵯越《ひよどりごえ》からの猛攻で平家があえなく屋島へ逃げたという事件が起こっています。日宋貿易には港がありましたが、やはり土地が狭すぎたのと波による塩害などがあって、平安京へ戻らざるを得なかったようです。

多くの地球科学的条件のそろった平安京

平安京は南北5・2km、東西4・5kmのほぼ正方形に近い都で、鴨川、高野川《たかのがわ》、桂川が都の周辺を流れていて、それらは複合扇状地（川が急峻な山地から平坦な場所に出てきた時に運ばれてできた堆積物を扇状に堆積させて出来た地形）を作っています。そのために表層は水はけが良く、地下水も豊富でした。都城の面積は平城京と同じくらいでしたが、十分な広さがあったと思われます。交通はこれらの川の水運以外に、のちに京の七口《ななくち》と呼ばれた道路を使って物資を運搬したり、人が出入りしたりしていました。第3章に述べるように、天然資源に関しては、材木は北山から運ばれていましたが、金、銀、銅、水銀（辰砂《しんしゃ》）などの鉱物資源は街道や水運を使って、遠く西は山口県や北は岩手県の平泉からも運ばれてきました。また風水でいう四神である玄武が船岡山《ふなおかやま》、朱雀が神泉池《しんせんち》（巨椋池）、青龍が鴨川、白虎が西国街道《さいごくかいどう》と、すべてそろっていたのです。そして鬼門《きもん》に相当する比叡山には延暦寺が建てられました。風水の観点からも平安京は万全であったと言えます。四神相応の地・京都盆地が三山に囲まれていることも重要な要素です。縄文以来の自然崇拝の影響で三山は神仏の住処だと受け止められていたからです。実際、神社仏閣が立ち並んでいる東山沿いでは、市街地から数分歩いて山に入

図2　平安京復元模型
（京都市歴史資料館所蔵、「京都市平安京創生館」展示　及び　京都アスニー（京都市生涯学習総合センター）協力）

ると、産土神《うぶすながみ》や氏神《うじがみ》を祀《まつ》った小さな祠《ほこら》が並んでいて、京都人の信心深さが感じられます。

次節では、京都の近畿における地勢（地形）や地質を見ていきましょう。

コラム1

平安京の危機

京都の地に都が置かれた794年から明治維新の成った1867年までの間に、政治の中心が京都から離れた時期がありました。平清盛による兵庫県福原、鎌倉時代の源頼朝による鎌倉幕府、南北朝時代の吉野（南朝）――この時は都が2つありました――、そして江戸時代の江戸幕府でした。これらの事件を真剣にとらえれば、京都に都城も政治の中心もあったのは約600年にすぎません。

1180年、平清盛は突然兵庫県の福原（大輪田泊《おおわだのとまり》）に都を移しました。平安京にとっては大きな危機でした。多くの人が平安京を捨てて福原に移ったさまが『方丈記』には書かれています。福原の都の規模やそのたたずまいに関しても少し書かれています。

大輪田泊は平清盛が日宋貿易の港として機能できるように改築したとされています。難波の津はもはや機能していなかったのではないかと思われます。また清盛は若狭湾から琵琶湖まで水路でつなごうとしたのを、長男の重盛に諌《いさ》められたという話もあります。

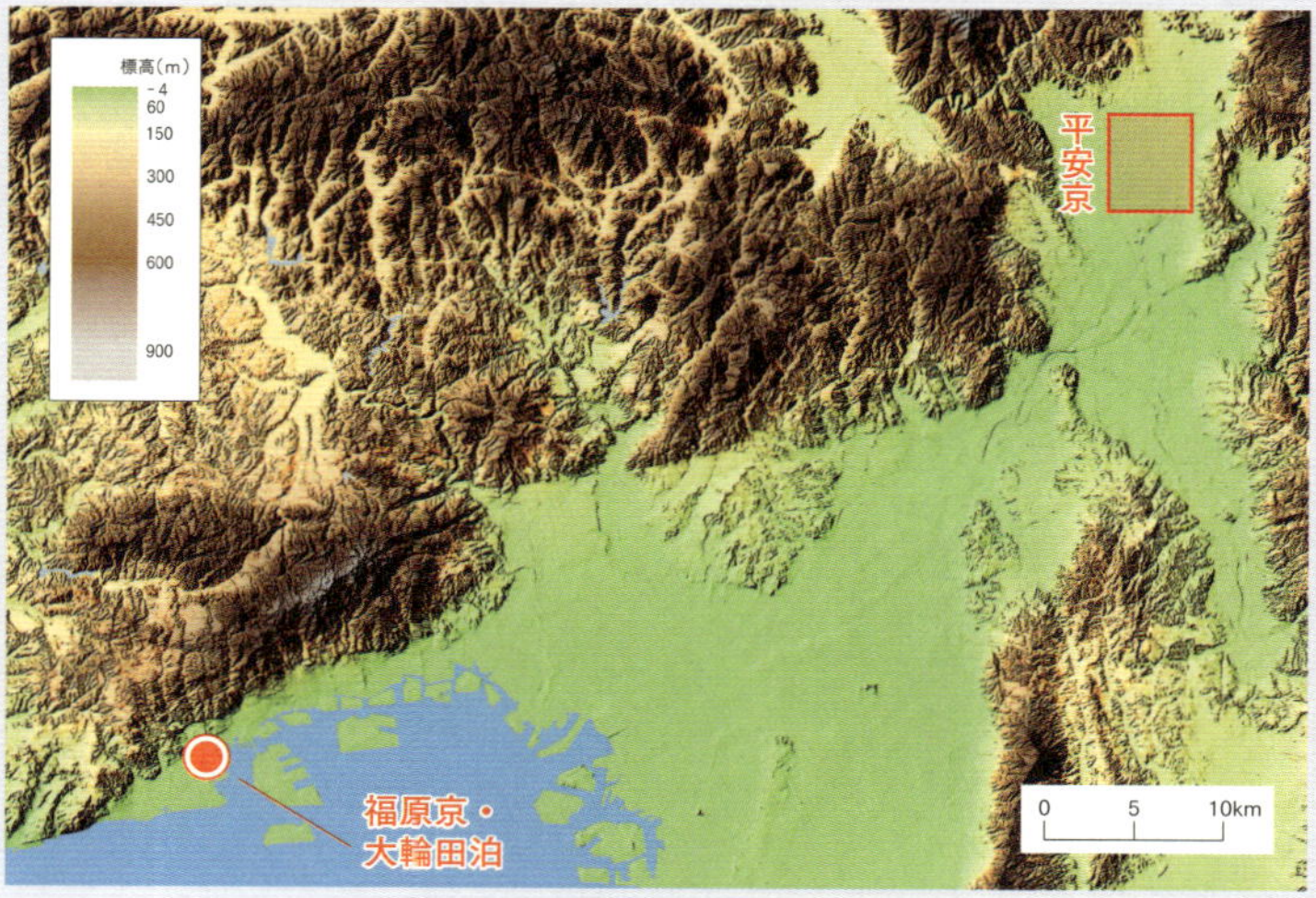

図3　福原京と大輪田泊のおおよその位置

清盛は日宋貿易によって中国やほかの外国との交易を目指したようです。それは中国から京の都へ朝見させるという目論見でしょうか。それとも貿易のための交易船なのでしょうか。確かに京都は海に面しておらず一番近いのは大阪の難波津ですが、ここは平安時代には淀川の運ぶ土砂で埋まっていたのです。そこで少し西の兵庫県の福原を考えたかと思います。

鎌倉幕府の始まりは1192年と学校では習っていましたが、最近ではどうやら1185年と教えるところが多いようですが、北条氏が滅びる1333年までは政治の中心は鎌倉にありました。京都には六《ろく》波《は》羅《ら》探《たん》題《だい》が設置されて、天皇や公家衆は監視されていたようです。

南北朝は、1336年に足利尊氏が光明天皇を擁立し、後醍醐天皇が吉野へ脱出して、1392年に南北朝が合体する56年間存在していたことになります。この時は京都にも政治の中心、室町幕府があったのです。

1603年、徳川家康は関ケ原の戦いで勝利を収めた後に江戸幕府を開きます。これは徳川慶喜《よしのぶ》によって大政奉還が行われるまで続きました。

以上のように政治の中心が京都から離れていても、天皇は決して遷都をしませんでした（もっとも福原遷都をしたのは幼少の安徳天皇ではなくて平清盛でした）。遷都が行われなかった理由を考えるのが本書の目的ですが、第4章ではこのことにも触れたいと思います。

1-2 近畿の自然とその系譜

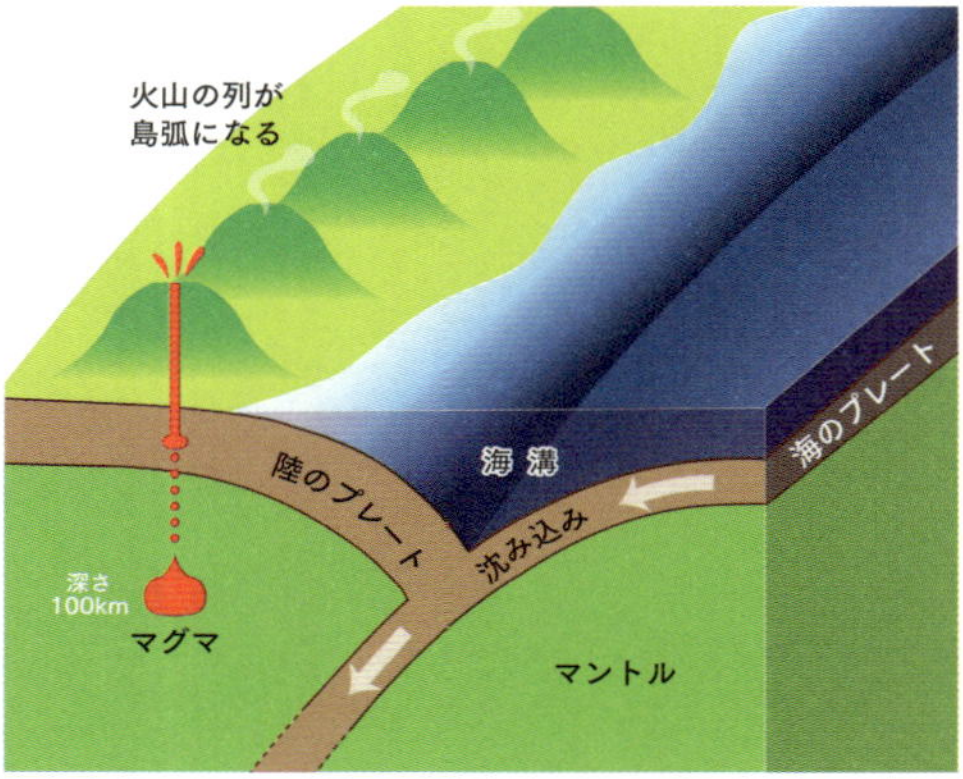

図4　島弧-海溝系の模式図

日本列島の中の近畿の地勢

平安京の成り立ちを考えるために、まず日本列島の中での近畿の地勢を見てみましょう。なお「近畿」という言葉は「畿内とその近傍」という意味で、都の近くという意味です。

日本列島は大陸の縁に張り出した和弓のような形をしています。火山活動を主とした火山弧《かざんこ》と、その海側（太平洋側）に発達する水深6000mを越える海溝が平行に分布しています。このペアを島弧―海溝系と言っています（図4）。日本列島はいくつかの島弧―海溝系が組み合わさっているとこ

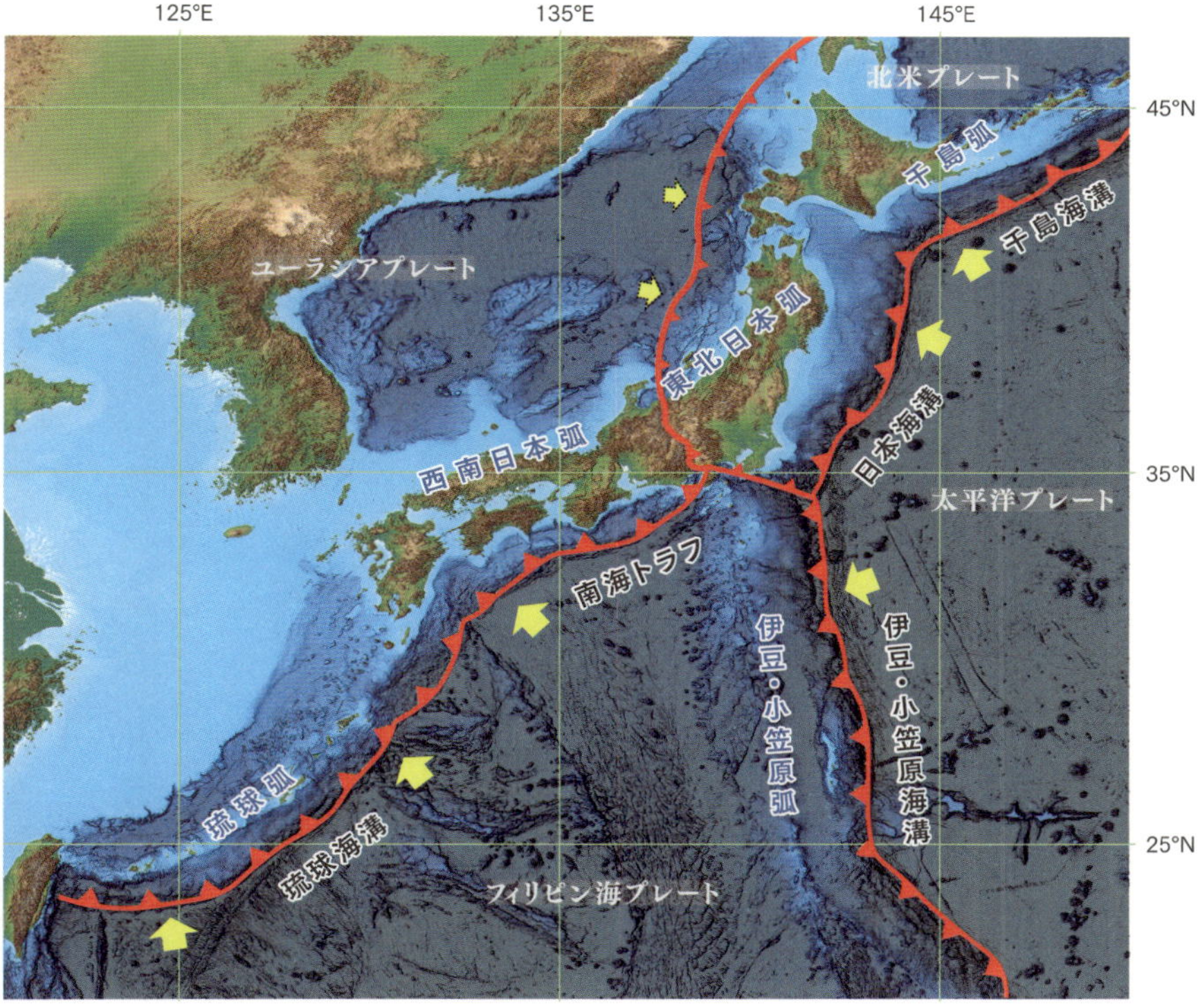

図5　日本列島周辺の島弧–海溝系
（基図：ETOPO2022（米国地球物理データセンター）を利用）

ろです（図5）。火山弧の主要な部分を占める本州島を見てみた場合には、近畿地方はほぼその真ん中に位置します。物語の出発点は、この本州の真ん中に大和政権ができたことにあります。

日本列島に縄文時代（1万6000年前〜3000年前）に北からサハリンや宗谷海峡を経てやってきた人類および南の海から船でやってきた人類、そして弥生時代（約3000年前〜紀元後3世紀頃）に西から朝鮮半島と対馬海峡を経てやってきた弥生人も、列島の真ん中（中央）に近畿があることにやがて気が付きます*。そしてここが日本列島全体を統治するのに一番都合がいいことに思い当たります。

＊最近の研究では、古墳時代（3世紀末から7世紀）の日本人は、アジア大陸のさまざまな人々と交雑の結果であるということが、ＤＮＡの調査結果から言われています。

近畿の地形

近畿地方北部の土台は、「丹波高原」と呼ばれる老年期の低い山地（1000m以下）あるいは高地を構成しています。『京都北山と丹波高原』（1942）という山のガイドブックを書いた森本次男は「比良山の頂に立って西北を望む、近くは比叡山でもよし、愛宕山でもよし、頂きに立って北を望めば小さいながらも山岳重畳として、まこと山脈という感を与えられよ

図6　丹波高原の山容（京都市右京区京北町の天童山麓より西北を望む、手前は桂川）

う。突起として高き峯も見当たらず、なべてその頂線を削り取られたような水平面を連ねている山群、これが丹波高原である」（現代仮名遣いは藤岡による）と表現しています。丹波高原は丹波帯という2億年以上前から存在する地層からなる山々で、長い間に浸食（侵食）作用を受けて平滑な表面を持つようになったやさしい山脈で、1000m以下の標高ゆえ「高原」と呼ばれています。京都大学や旧制第三高等学校の山岳部は、山へ登る最初の一歩をこの丹波高原から発しています。

近畿の南部は、紀伊半島の中央部にある「紀伊山地」と呼ばれる比較的若い標高1000m以上の壮年期の山地からなります。これは「三波川帯《さんばがわたい》」「秩父帯《ちちぶたい》」「四万十帯《しまんとたい》」

と呼ばれる2億年前頃～2000万年前頃に形成された岩石が分布する山地です。険しい山並みで、熊野古道くらいが唯一の交通路でした。

近畿地方の中央部の地形は、断層によって山地と盆地が交互に配列しているのが特徴です。特に、3つの大きな断層（構造線）――中央構造線、有馬―高槻構造線、伊勢湾―若狭湾構造線――で境された地域は、藤田和夫によって「近畿三角地帯」（近畿トライアングル）と呼ばれています。**【コラム4「近畿三角地帯と都城の形成」参照】**

その中に、京都盆地や大阪平野、奈良盆地、日本一大きい湖である琵琶湖などの大きな盆地から、山科盆地や亀岡盆地など小さな盆地までが存在しています。京都や大阪は日本海や瀬戸内海などの海に最も近い場所にあります。日本海の若狭湾はリアス式海岸で、そこにはいくつもの良港があります。

河川は北には由良川《ゆらがわ》、京都市内には鴨川、桂川、琵琶湖からの排水の宇治川、木津川、淀川、奈良から大阪にかけては大和川があります。これらの河川は物資の運搬のために重要な交通路（水路）でした。

近畿の地質の変遷

日本列島はおよそ2000万年以前には現在の位置にはなくて、アジア大陸の東縁に位置していました。それが日本海の拡大によって1700万年前頃から移動して現在の位置に来たのですが、それらを含めて、近畿の大地の基盤をなしている地質を年代順に見ていくと以下のようになります。

1. アジア大陸東縁部に引っ付いていた時代（舞鶴帯・丹波帯の形成）　5億年前～2000万年前
2. 大陸から離れる時代（第一瀬戸）　2000万年前～1500万年前
3. 南から伊豆弧が衝突した時代　1500万年前～現在
4. 東西圧縮の時代（盆地群の形成）　300万年前～現在
5. 大阪層群の時代（海成粘土の堆積）　160万年前～現在
6. 完新世の時代（河川と扇状地）　1万年前～現在

近畿全体としては、日本で最大の断層で、九州から関東山地にまで1000㎞以上も連なる中央構造線（明治の初めにお雇い外国人教授であったナウマンが発見し、名付けた）と、糸魚川《いといがわ》から静岡に至る南北の構造線、糸魚川―静岡構造線（糸静線）を境に、北部が西南日本内帯、南部は西南日本外帯に分けられています。内帯と外帯にはそれぞれ、北から南へと新しい地質体がほぼ東西方向に配列しています。内帯には北から舞鶴帯《まいづるたい》と呼ばれるオルドビス紀（約5

図7　地質年代と近畿に関するできごとの年表

単位は百万年(Ma)
1Ma=1,000,000年

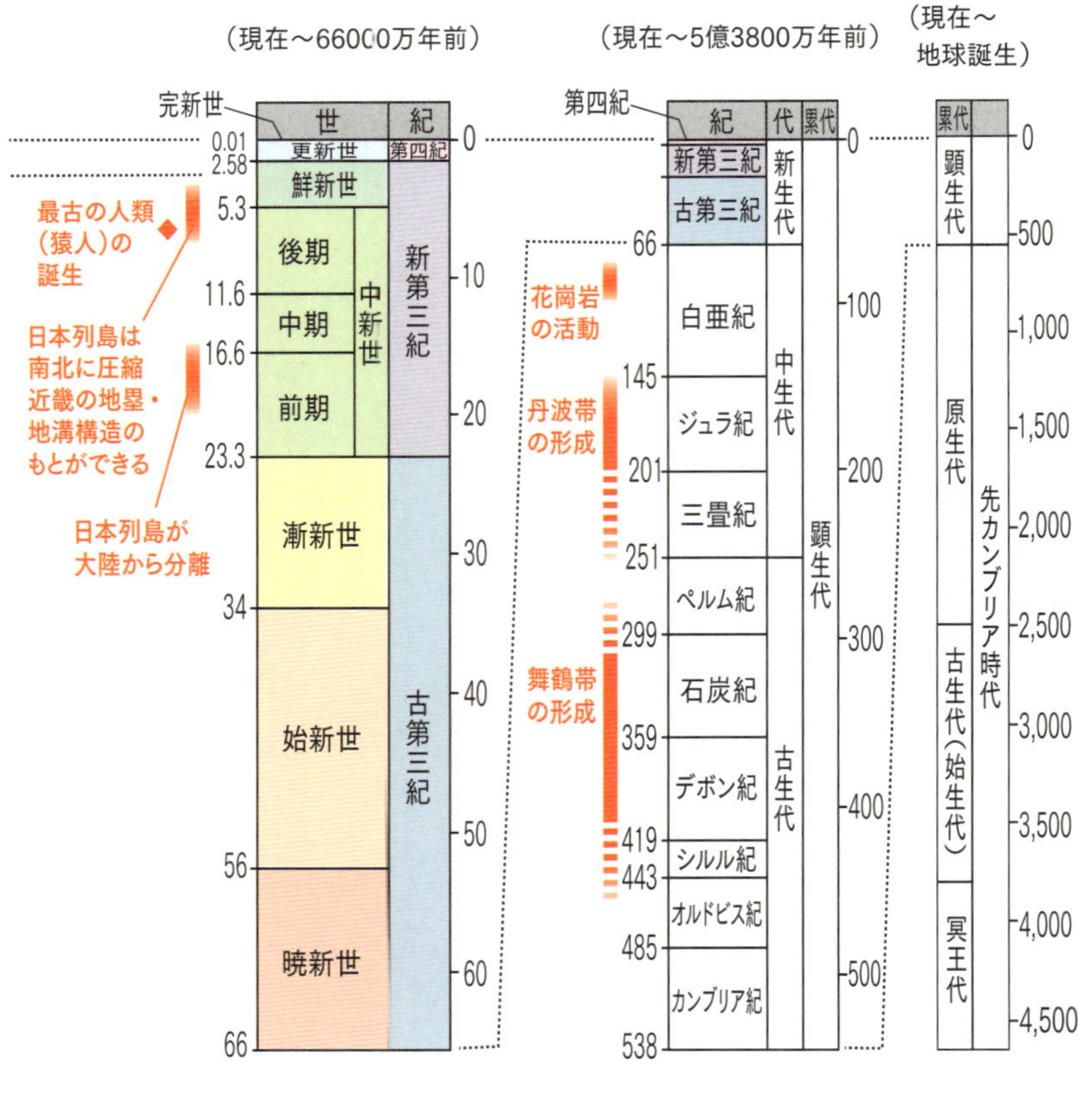

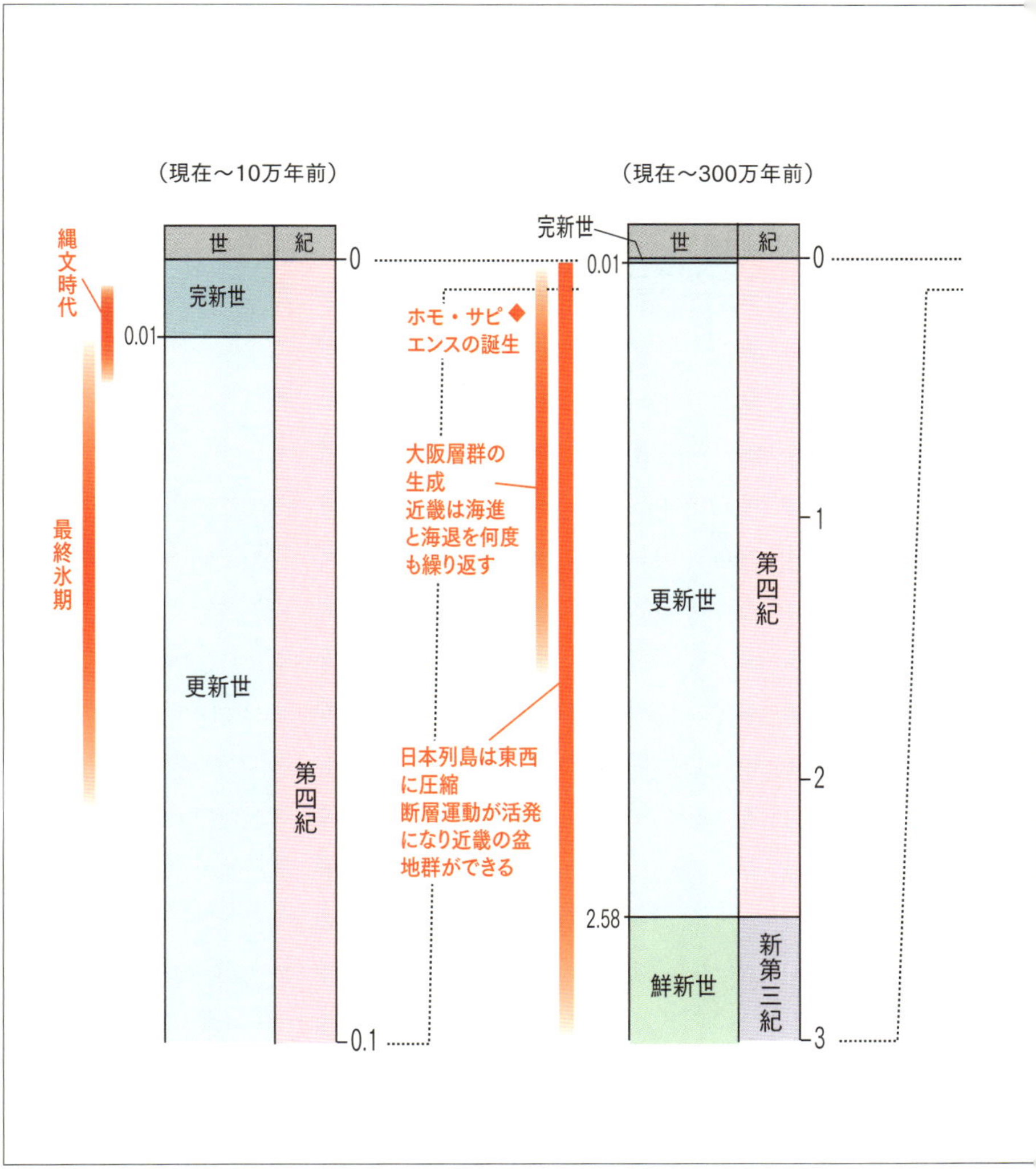

（現在～10万年前）
（現在～300万年前）
縄文時代
最終氷期
世
紀
完新世
更新世
第四紀
0
0.01
0.1
ホモ・サピエンスの誕生
大阪層群の生成
近畿は海進と海退を何度も繰り返す
日本列島は東西に圧縮
断層運動が活発になり近畿の盆地群ができる
完新世
0.01
2.58
鮮新世
新第三紀
1
2
3

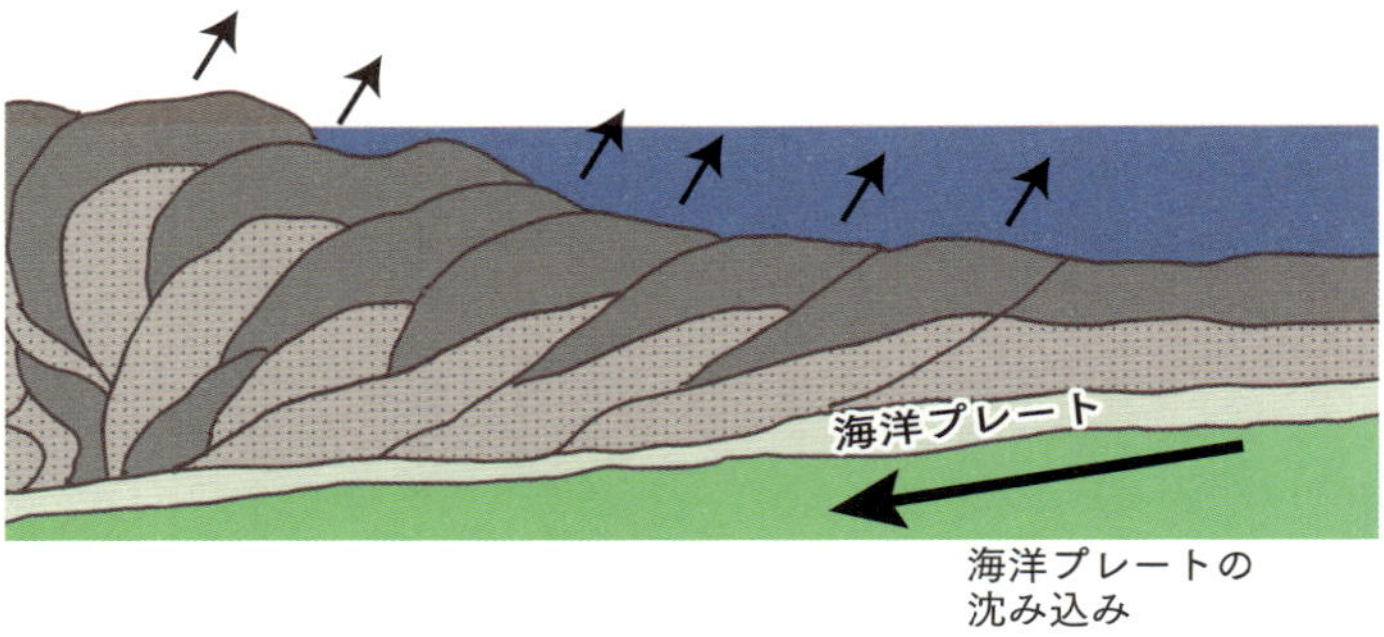

図8 付加体のでき方模式図
（出典：小川勇二郎ほか 2005 p32をもとに作成）

億年前）にできた海洋プレートが陸化した地質体が、その南にはジュラ紀（約2億年前から1億4500万年前）に付加した付加体である丹波帯が広く分布しています。付加体というものは、陸から河川によって運ばれた砂や泥が陸近くの海溝にたまって、海から運ばれてきた生物起源の岩石であるチャートや石灰岩（炭酸カルシウムの殻から成る生物の遺骸）などと一緒になって混在し（メランジェ、混在岩）、プレートの運動によって、海溝の陸側（大陸側）に押しつけられて陸にどんどん付け加わってできた地質体です（図8）。付加体の構造はドミノ倒しの構造を想像してみればよくわかると思います。

舞鶴帯

京都府の北の端には舞鶴という港町があります。ここに露出する地層は京都で最も古い地層で、今から約5億年前にできたものです。舞鶴帯の地層は海洋プレートそのものが陸上に付け加わったものです。海洋プレートとは、地球の表面を硬い岩板が10枚ほどで取り巻いているプレートのうち、海洋底を構成する部分で、地層としては上から深海堆積物、枕状溶岩《まくらじょうようがん》、岩脈、ガブロ、超塩基性岩からなります。プレートは海嶺《かいれい》で作られて両側に拡大移動して、海溝で地球の内部へと沈み込んでいきます。その境界部では、海溝にたまった堆積物が、沈み込まれる側に付け加わった付加体が形成される場合があります。またプレートそのものが陸に乗り上げてしまうこともあります。舞鶴帯は代表例です。これが京都で最も古い時代に形成されたものです。

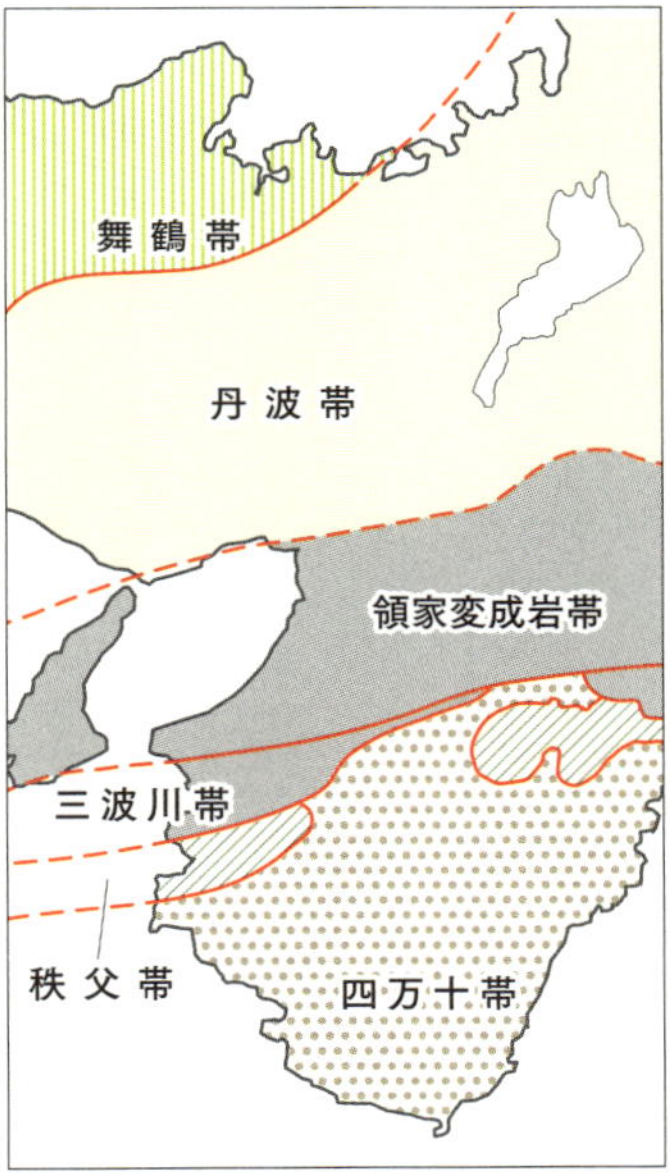

図9　近畿の地質体の分布
（出典：大場秀章ほか編 1995 p14をもとに作成）

丹波帯

丹波帯は京都府の大部分を占める付加体です。丹波帯は広く近畿全体に分布していて、京都府以外にも東は滋賀県や南は奈良県にまでおよびます。同時代の付加体は岐阜県にもつながっていて、そこでは美濃帯と呼ばれています。

丹波帯は南側で中央構造線によって区切られています。中央構造線は、日本で一番大きな断層で、奈良県や和歌山県、三重県を通っています。

花崗岩マグマの貫入と熱変成（比叡山と大文字山）

丹波帯は主にジュラ紀から白亜紀（約1億4500万年前〜6600万年前）の地層ですが、白亜紀の後期（約1億年前〜7000万年前）には大量の花崗岩《かこうがん》の活動が知られています。花崗岩は京都府と滋賀県の境界の比叡山と大文字山の間や、亀岡のるり渓や、兵庫県の六甲山系に分布しています（神戸では御影石《みかげいし》、京都では白川石《しらかわいし》などと呼ばれています）。滋賀県の比良山系《ひらさんけい》や琵琶湖東岸の田上山《たなかみやま》などの湖南アルプスを形成しています。

また同じ頃の年代のものに領家変成岩帯《りょうけへんせいがんたい》（花崗岩や片麻岩《へんまがん》）がありますが、これは京都府南端の笠置《かさぎ》や奈良県北部に広く分布しています。

花崗岩は地下深部で形成される粗粒な岩石なので、地表に露出すると風化が進んで削剥されます。一方、高温の花崗岩に接した地層はマグマの熱で焼かれて硬くなり（ホルンフェルス化）、風化しにくくなります。比叡山と大文字山が聳《そび》えているのはこのためです（図10、図11）。

変成岩とは、元あった岩石ができた時の物理・化学条件とは異なった条件下で、別の石に

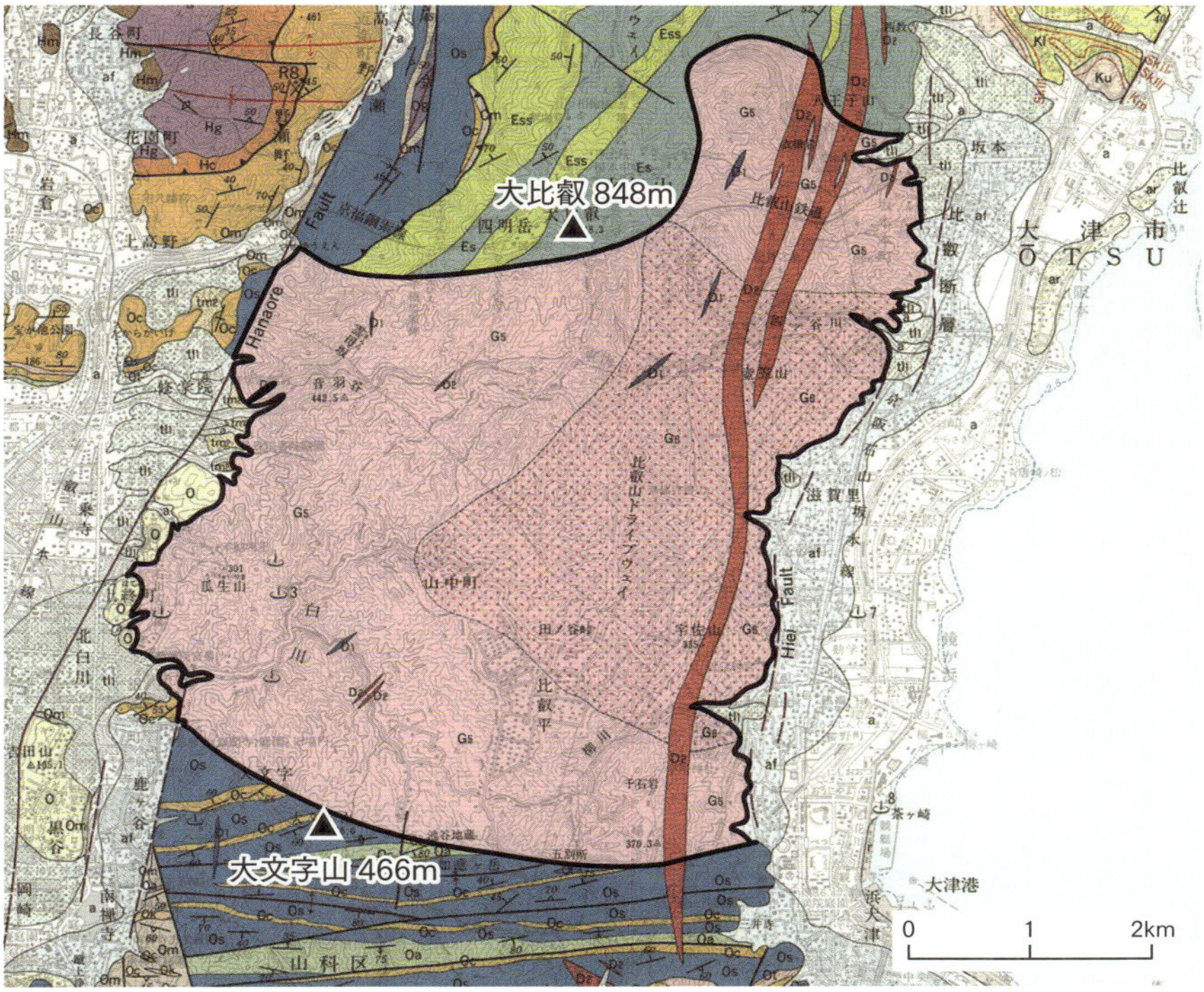

図10　比叡山と大文字山の間の花崗岩（太線で囲んだ部分）（出典：5万分の1地質図幅「京都東北部」（木村克己・吉岡敏和・井本伸広・田中里志・武蔵野実・高橋裕平、産総研地質調査総合センター、山名を加筆）

図11　賀茂大橋付近から見た比叡山（左）と大文字山（右）

変化（変成）した岩石のことで、温度の上昇や圧力の上昇による化学反応によってつくられます。

東アジア東縁部の分離と日本海の拡大

新生代の中頃（中新世）の２０００万年前～１５００万年前頃になると、日本列島は大陸から離れて移動し現在の位置までやってきます（図12）。その時に日本海が形成されました。日本海の拡大によって東北日本は反時計回りに、近畿を含む西南日本は時計回りに回転して、約１５００万年前には現在の位置にやってきました。日本海の拡大がどうして、どのようにして行われたかに関してはいろいろな考えがありますが、日本列島が文字どおり「列島」になったのはこの頃です。

この時、西南日本には、現在の瀬戸内海に似た浅い海ができて、その海水が大阪・京都・奈良・滋賀・岐阜・岡山へと入り込みましたが、琵琶湖へは入らなかったようです。この海（第一瀬戸）にたまった地層は瀬戸内区中新統と呼ばれています。

この頃、１４００万年前に安山岩《あんざんがん》質岩の活動が瀬戸内にかけて活発になりました。安山岩は島弧―海溝系に特徴的な火山岩で、マグマが冷え固まってできた岩石です。玄武岩《げんぶがん》より珪《けい》酸《さん》分（SiO_2）が多い、玄武岩よりやや白っぽい岩石です。奈良と大阪の境界にある二上山《にじょうさん》や生《い》駒山《こまやま》（斑れい岩も含む）などの山地を形成しています。その一部は小豆島《しょうどしま》に出てくる古銅輝石《こどうきせき》安山岩という、特異な化学組成をもった岩石と同様の岩石で、俗に「かんかん石」とも言われています。ちょうど金属をたたいたような音がするので楽器にも使われています。この岩石は顕著な南北方向の分布をしており、舞鶴帯や丹波帯が東西に分布しているのと直交方向に配列しています。

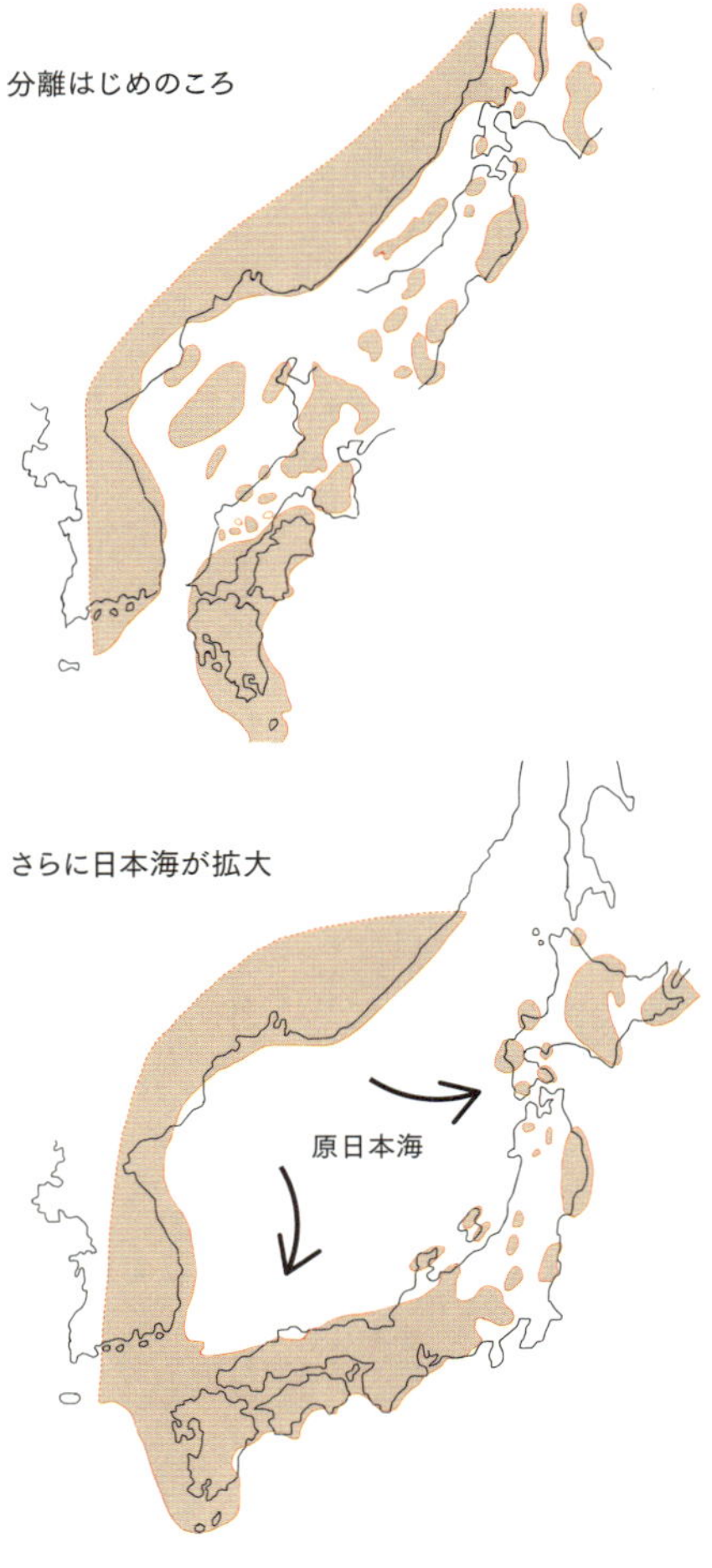

図12　日本列島の大陸からの分離のイメージ
（色アミ部分が陸地、実線は現在の地形。出典：藤岡換太郎 2018 p98をもとに作成）

地塁・地溝構造の形成

日本海が形成されたのと同じ頃に古瀬戸内海が形成されたことは先に述べましたが、さらに伊豆半島を持つ伊豆・小笠原弧が日本列島に衝突してきます。中部日本にはフォッサマグナという顕著な凹地が形成され、日本列島は南北に強い力で押されます。この南北方向の圧縮は近畿でも顕著で、その結果東西方向の引っ張りの力で地塁・地溝構造が形成されました（図13）。現在見られる近畿の地塁・地溝構造の原型だと考えられます。

大阪層群の生成

第四紀更新世《こうしんせい》にかけて（約160万年前〜1万年前頃）、近畿の大阪・京都・奈良などの地域を海の堆積物が覆うようになります。大阪層群と呼ばれる海や川や湖の堆積物で、砂や泥、礫《れき》からなります。大阪層群は近畿の大阪・京都・奈良の地盤に大きな影響を与えています。その起源は丹波帯から運ばれた砂や泥が主なものです。京都盆地では、数枚の海成層《かいせいそう》や火山灰を含む、河川成の厚い砂礫層や粘土層から成ります。海成層がたまるのは気候変動や海面変動・地殻変動によって、当時の海が陸の奥まで前進したり（海進）、逆に海側へと後退したりする（海退）からです。大阪層群には海でたまった海成層と陸にたまった陸成層が交互にたまっています。海でたまった地層にはMaという記号が付けられていて、Ma0からMa13まで14枚確

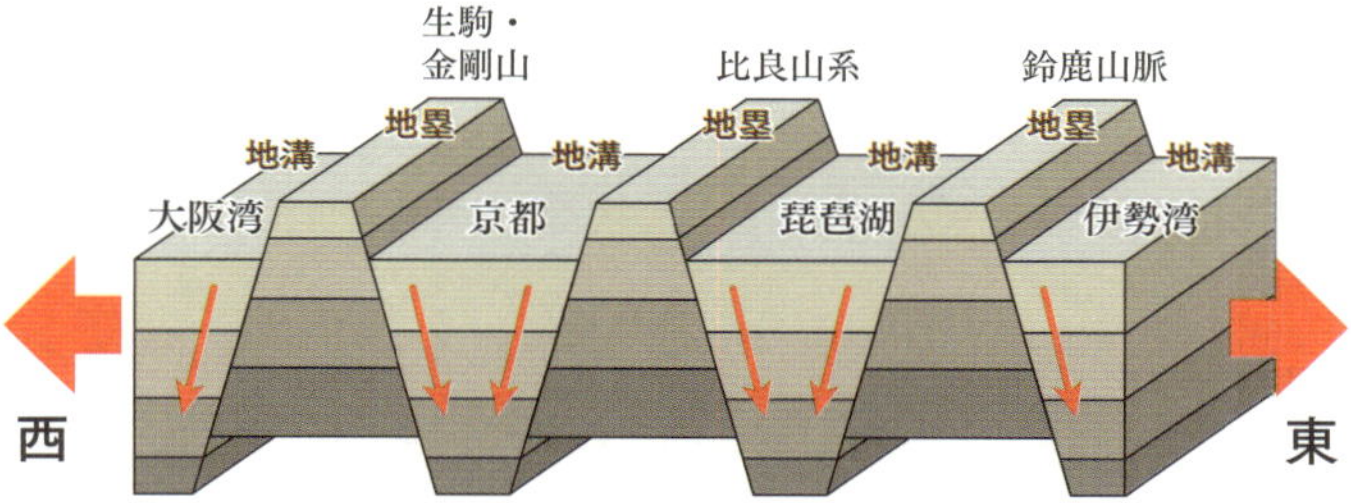

図13　近畿の地塁・地溝構造のイメージ（約1500万年前以降）

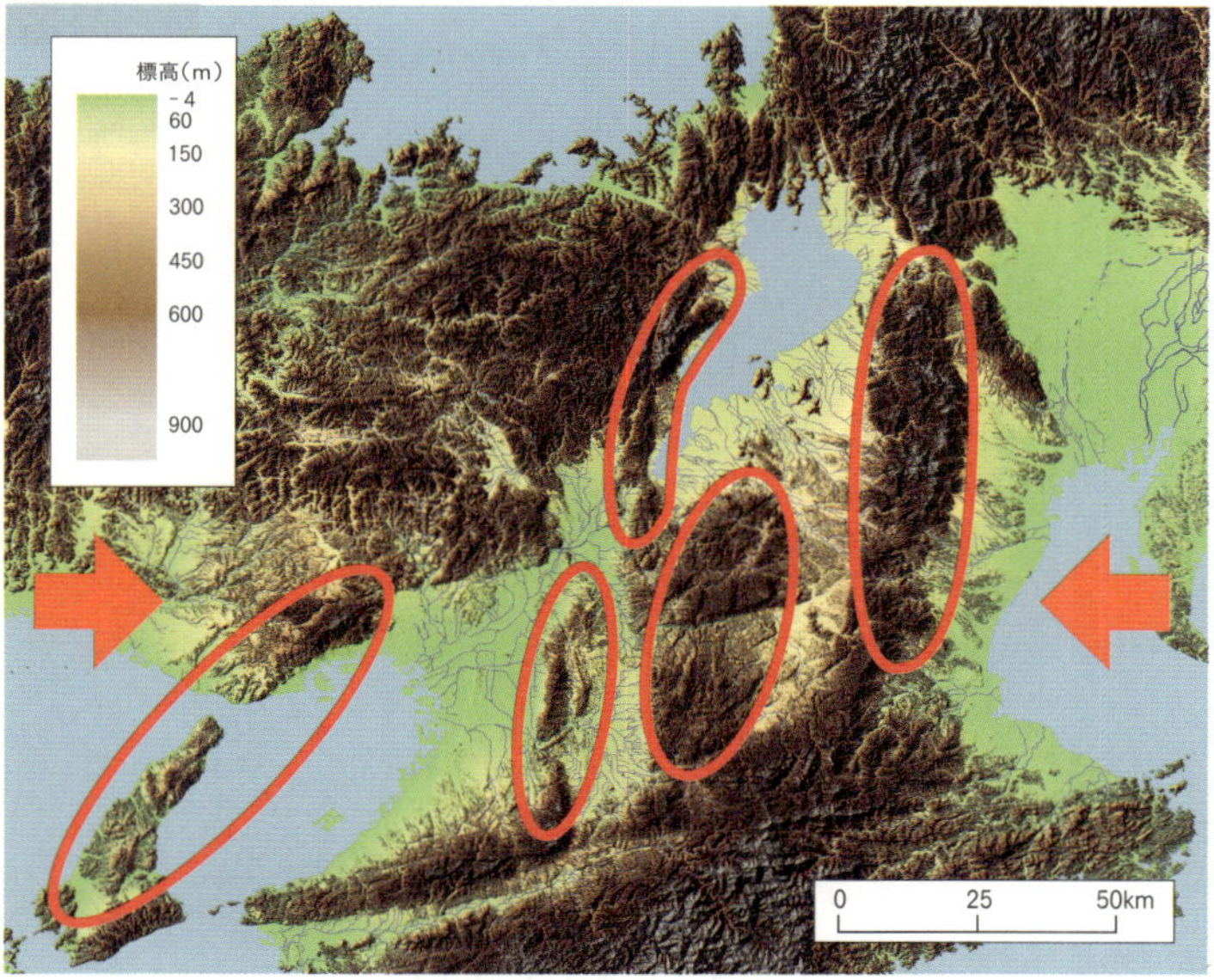

図14　東西圧縮と断層運動による近畿の隆起と陥没構造のイメージ
（約300万年前以降）

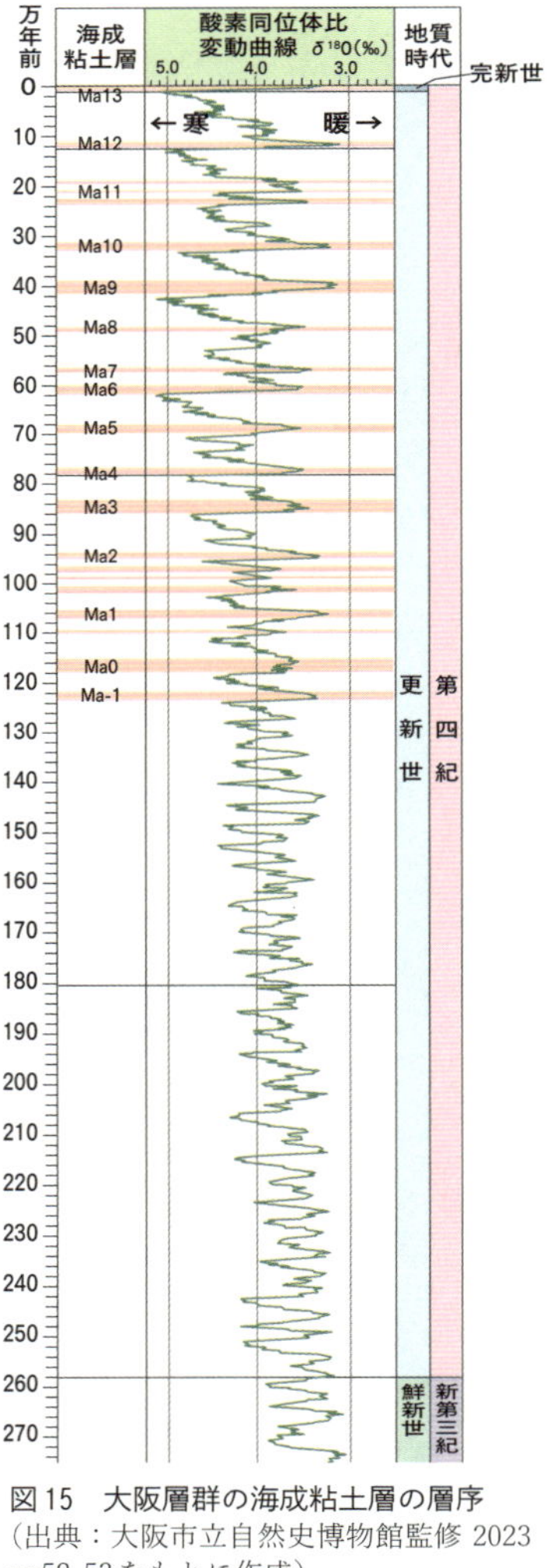

図15　大阪層群の海成粘土層の層序
（出典：大阪市立自然史博物館監修 2023 pp52-53をもとに作成）

認されています。最近ではMaマイナス1まで認められています（図15）。大阪層群のうち120万年前以降の地層には粘土質な泥からなる海成層や陸成層《りくせいそう》が顕著に表れます。湖などの淡水域にたまった粘土層は焼き物の原料として利用されてきました。清水寺へ向かう途中の茶碗坂付近に並ぶ清水焼や、伏見人形を作った粘土はこのような陸成の粘土です。

盆地や平野、扇状地の形成

新生代の終わり頃の約2000万年前から日本列島は隆起を始めます。それは日本列島が東西圧縮を受けるからです。これに呼応して伊豆・小笠原弧の衝突の最後である丹沢《たんざわ》山地と伊豆半島が本州に衝突します。東西圧縮と南からの衝突が激しくなり、中部日本は隆起しアルプスを形成します。

河川が発達し、そこから運ばれた土砂が平野を作ってきました。そうしてできた関東平野は日本で最大の平野です。

近畿ではこの東西圧縮に伴って南北方向の断層運動が活発になり、全体として陥没構造を作ってきました。この結果、南北性の京都盆地や奈良盆地、北東─南西方向の琵琶湖、北東─南西方向の大きな楕円形の大阪湾や大阪平野など、楕円形や四辺形の盆地が形成されてきたのです（図14）。

これらの盆地を大阪層群が覆って平坦な土地を作ってきました。このような四辺形の平坦な土地は都を造るのに適した土地になります。

六甲山は７０００万年前頃に活動した花崗岩でできています。大阪層群のMa１の堆積した頃（約１００万年前）から東西圧縮の影響で逆断層によって六甲側が急激な上昇、大阪湾側が急激な沈降をしたことによってできました。

このような変遷を経て近畿地方の土台が形成されて、平坦な平野や扇状地の上には旧石器時代～弥生時代の人々が住みつきました。気候変動によって海面が上昇したり下降したりし

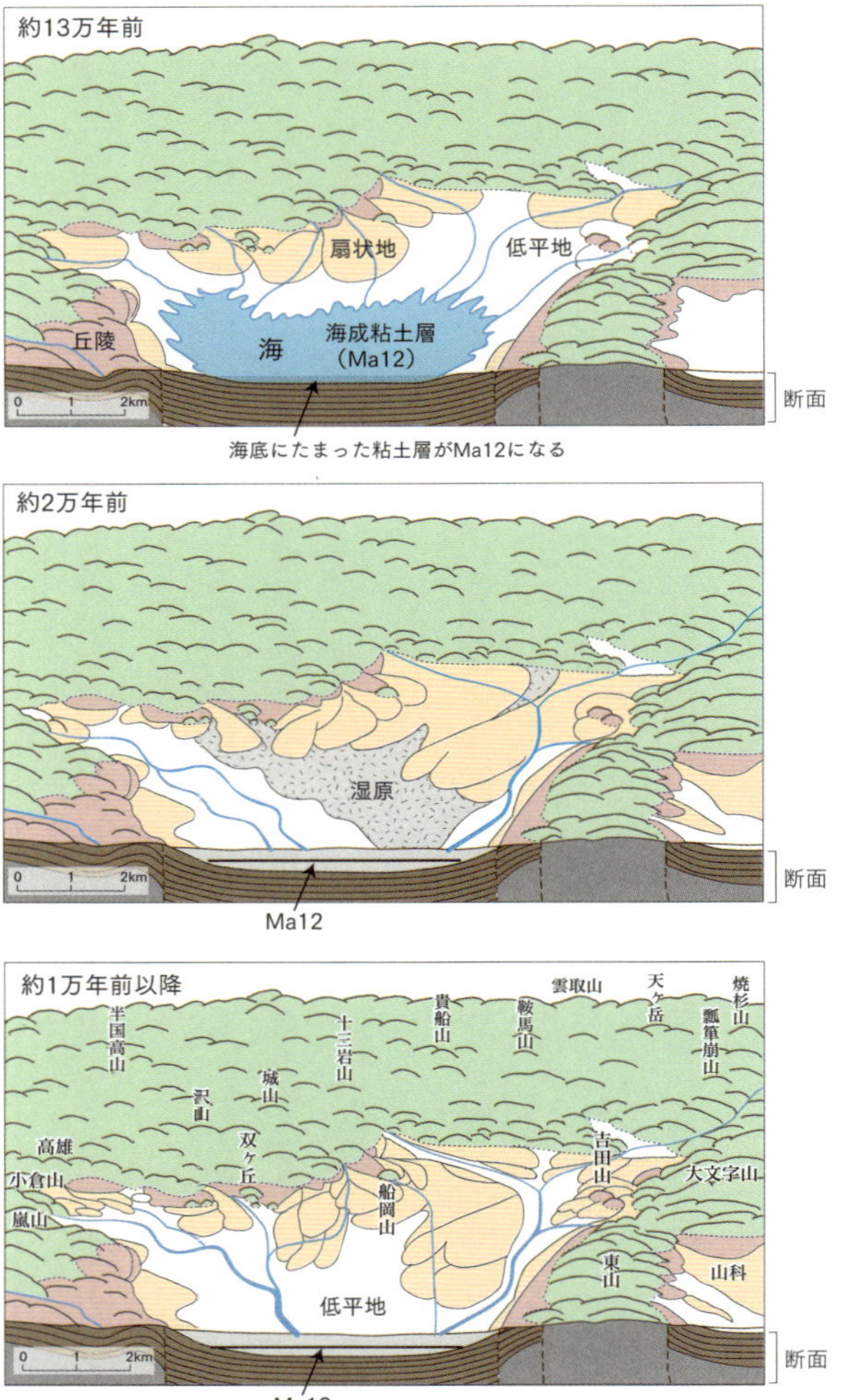

図16　京都盆地の13万年前以降の変遷イメージ
（出典：大場秀章ほか編 1995 p50をもとに作成）

て起こる海進・海退は、大阪層群によく記録されていますが、そのような変動がおよばない、巨椋池《おぐらいけ》や琵琶湖の現在では湖底になっているような場所や、奈良盆地にも人は住みついて集落を形成していきました。そして5世紀には巨大古墳が形成され、国家が形成されてきたのでした。

以上のような地形の変遷について、京都周辺の県別の概略を見ていくと、以下のようになります。

奈良県の地質概略

奈良県は白亜紀にできた領家変成帯が大部分を占め、白亜紀から新生代の火山岩や深成岩である大和三山（香久山《かぐやま》、畝傍山《うねびやま》、耳成山《みみなしやま》）、室生寺の火砕流などの火成活動が起こって大地の基盤が形成されました。第四紀になって第二瀬戸の海水が奈良に入ってきて大きな湖（古奈良湖）が形成されました。舒明《じょめい》天皇が詠んだ歌では7世紀に奈良に海（湖、池）があったと読み取れなくもないです*。【コラム2「古奈良湖はあったのか」参照】

*舒明天皇が詠んだ歌についてはさまざまな議論があります。

大阪府の地質概略

大阪府の地質は、ほとんどが新しい地層からなっています。白亜紀から新生代の花崗岩や付加体の砂や泥が北に、西には丹波帯の砂岩・泥岩《でいがん》などがあり、新第三紀の終わりから第四紀にかけての大阪層群の砂礫・泥層が大阪だけでなく京都、奈良に広く分布しています。

滋賀県の地質概略

滋賀県は、近江盆地の東西に白亜紀の花崗岩が分布し、比良山地や東岸の湖南アルプスと呼ばれる田上山などが大きなカルデラを形成しています。古琵琶湖層群が堆積した湖の位置が、滋賀県の南の三重県から現在の琵琶湖の南まで、北へと移動してきたと言われています。

【コラム3「琵琶湖の北進」参照】

コラム2

古奈良湖はあったのか

舒明《じょめい》天皇（在位629〜641）の歌に

大和には、群山あれど、とりよろふ、天の香具山、登り立ち、国見をすれば、国原は、煙立ち立つ、海原は、鷗立ち立つ、うまし国ぞ、蜻蛉島《あきづしま》、大和の国は

というものがあることはよく知られています。

この歌に関して奈良には湖があったと主張されている方がおられます。千田正美《せんだまさみ》さんです。彼は『奈良盆地の景観と変遷』（1978）という本でそのことをほのめかしています。そこでこのことを考えてみました。

香久山《かぐやま》に登ったら周辺の国々は見下ろすことができます。しかし現在どこにも海はありません。この「海原」とはどういうところでしょうか。舒明天皇の頃にはあったのでしょうか。

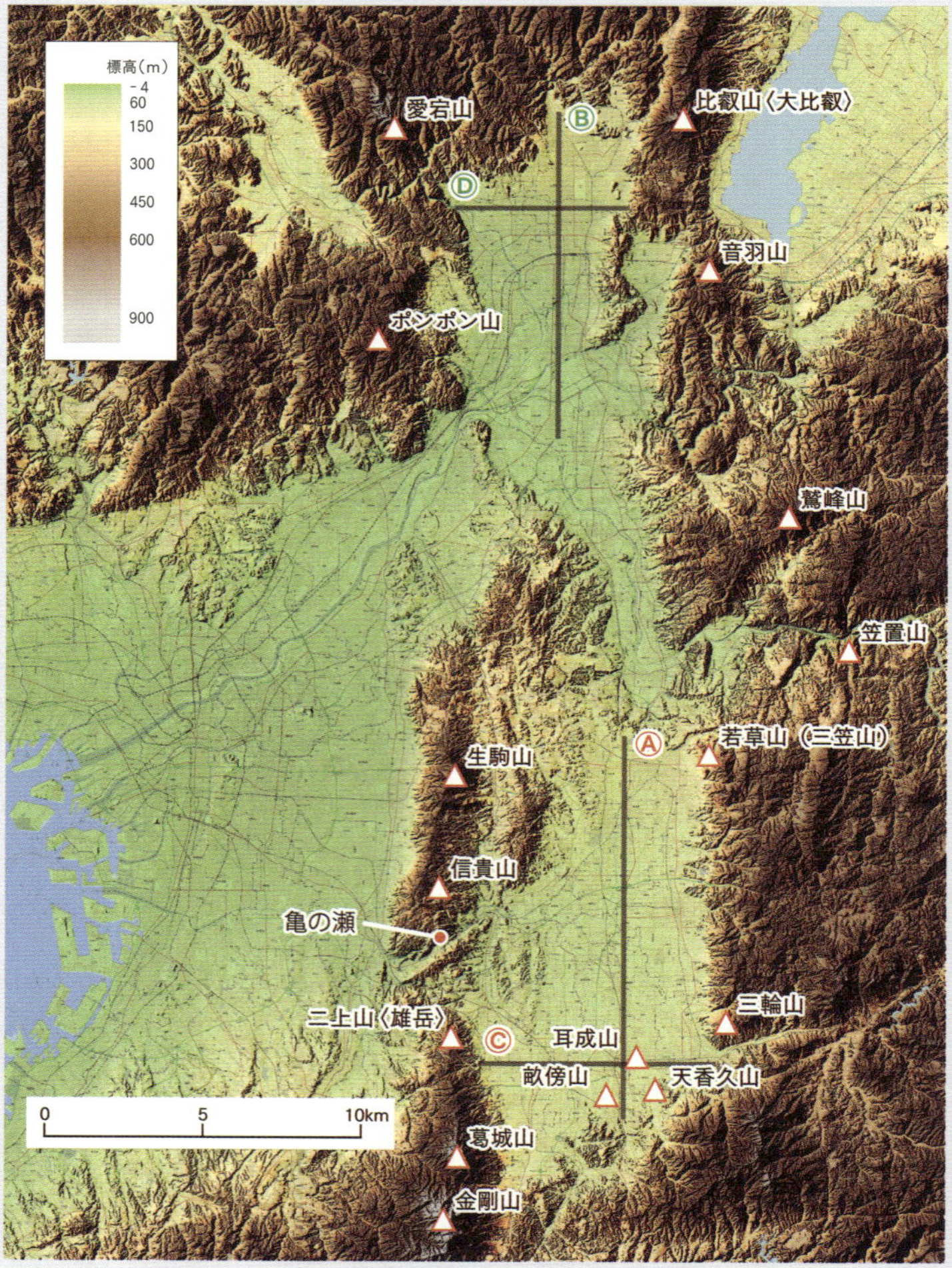

図17　奈良盆地周辺図
（図中のⒶ〜Ⓓの線の断面図を図18に示しています）

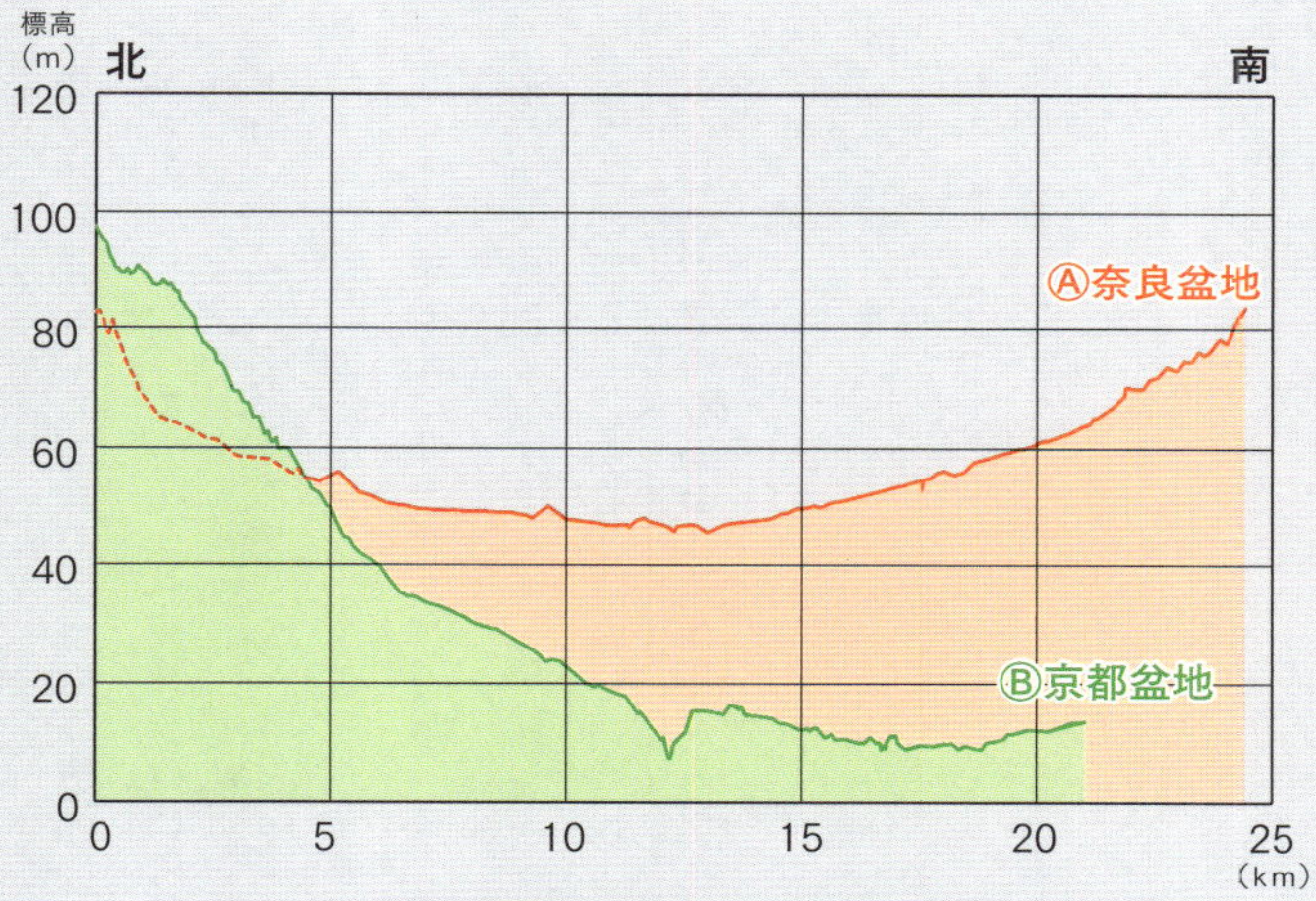

図 18-1　奈良盆地と京都盆地の標高南北断面の比較

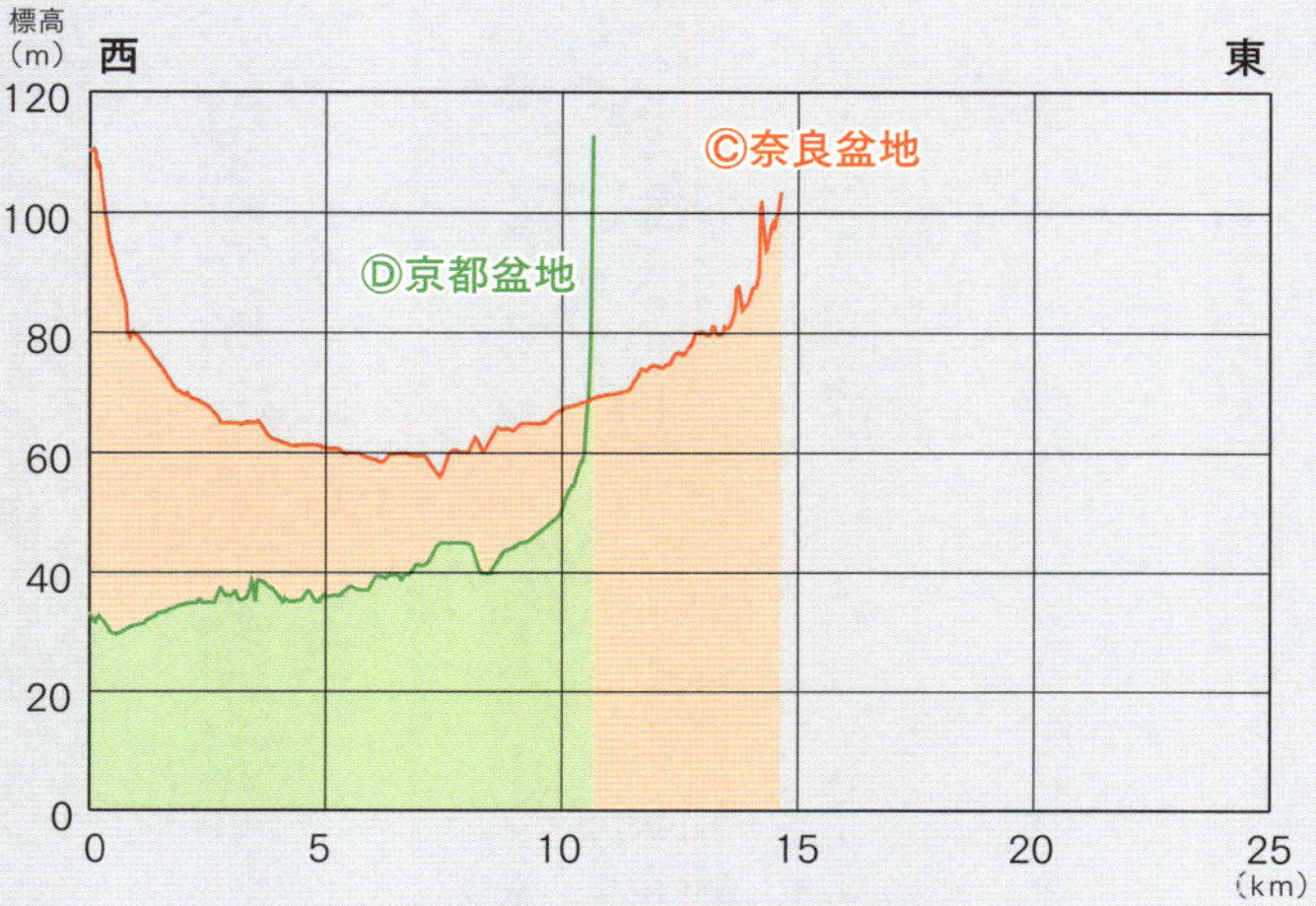

図 18-2　奈良盆地と京都盆地の標高東西断面の比較

海という言葉に関係して、まず近くの琵琶湖を考えてみました。香久山の頂上から琵琶湖までの距離は約65㎞で、湖面の高さは海抜85ｍです。海抜152ｍの香久山から見えるものかどうか調べてみました。香久山から琵琶湖はほぼ10度（北北東）の方向になりますが、そこには奈良に若草山（350ｍ）があって視界は遮られます。もうひとつの海は大阪湾ですがはたして見えるかどうか。その方向はほぼ真西になり、距離は約45㎞で途中に二上山《にじょうさん》（517ｍ）があって、これも見ることはできません。大和川がこれらの山を穿《うが》っている亀の背あたりはどうかと見ましたがここでもやはり見えません。しかも、両方ともこれほど離れた所には、鷗（鷗がかもめだとすれば）が飛んでいる姿を視認するのは難しいでしょう。現在の鴨川にはゆりかもめが飛び交っていますが。

もし舒明天皇の歌の中身が本当だとすれば、その周辺に海かもしくは池や湖があったことになります。奈良の第四紀の地質を研究している人たちは、ボーリングなどの結果からは奈良には7世紀には湖の堆積物は見つかっていないと言っています（松岡、1983）。

第一瀬戸ができた1500万年前や大阪層群の堆積が始まった約200万年前には海水（第二瀬戸）が奈良にまで押し寄せてきたことはわかっています。しかしその海水は徐々に引いていって、現在は湿地はあっても池や湖はなかったのではないかと言われています。しかし、水が引いていった後に少しでも池や湖が残っていたらこの話はあり得るのではないでしょうか。同じ頃に京都にも海水が入ってきたことがわかっていますが、京都の斜面は奈良よりも急で（図18）、堆積物はやや粗いので、水はすぐに大阪湾へと引いていったようです。深泥池《みぞろがいけ》はその頃から存在する湿地（池）で、賀茂川の土砂がその出口をふさいだためにできたとも言われています。京都の地形はでこぼこしていてそこに取り残されたのではないでしょうか。しかし、奈良はそれほど急ではなく、堆積物も細かいので、なかなか水が引いていかなかったのではないかと考えます。

舒明天皇の歌は謎ですね。

コラム３

琵琶湖の北進

北上してきた淡水の池

琵琶湖は淡水の湖ですが、これは昔から一度も海水に満たされたことはありません。

そのルーツは、白亜紀の終わり約７０００万年前の火山噴火と陥没カルデラの形成にあります。西南日本では、この頃に「濃飛流紋岩《のうひりゅうもんがん》」とか「領家変成岩《りょうけへんせいがん》」といった流紋岩や花崗岩《かこうがん》の火成活動が活発でした。琵琶湖を取り巻く比叡山や比良《ひら》山地、湖東の湖南アルプスなどに大きな流紋岩（花崗岩）の火山活動が起こりました。「湖東流紋岩類」と呼ばれる溶岩や火砕流堆積物からなります。これらの火山の噴火の後でマグマが抜けた地下には、陥没構造ができて１つの巨大なカルデラができました。カルデラに水がたまってできるカルデラ湖ができたかどうかは定かではありません。しかしこの陥没構造は、後の琵琶湖の最終地点とは異なりますが、筆者（藤岡）は凹地を作っていたのではないかと考えます。

今から４４０万年前頃（鮮新世）に今の伊賀市周辺に池ができて、その池が北上したことが湖

（あるいは池）の堆積物（古琵琶湖層群）の古流向（堆積物を運んだ流れの方向）の研究から知られています（横山、１９９５）。これが水をたたえた古琵琶湖の出発点です。この池が北上していって約１３０万年前に、現在の琵琶湖の南湖あたりにたどり着きました。この琵琶湖の北上の原因を筆者（藤岡）は、フィリピン海プレートの沈み込みの先端が北へ移動して斜面と凹地ができるためだと考えています。沈み込んだプレートの上にある近畿の斜面が、支えられているプレートの沈み込みによって徐々に沈降していったためで、北が下がることによって徐々に移動し、１３０万年前に現在の琵琶湖の位置に到達して現在に近い琵琶湖になったのです。

琵琶湖は北湖と南湖に分けられていて、水深も堆積物の厚さも北が深くて厚いことが、重力測定や掘削コアによってわかっています。この南北の凹みの起源は巨大なカルデラの中に２つの凹地があったことを示唆しています。

１５００万年前以降に、瀬戸内海の海水が大々的に大阪や奈良、京都にあふれた海進や、引いていった海退が何度かありましたが（第一瀬戸、第二瀬戸）、琵琶湖にまでは届きませんでした。それは山地や丘陵がその海進を阻んだからでした。唯一の例外は鈴鹿山地の西にある海成層からなる鮎河《あゆがわ》層群です。これを琵琶湖に入れるかどうかは問題ですが（おそらく東の東海湖からの堆積物と思われます）。古奈良湖、古大阪湖（河内湖）、京都湖などは海になった時代がありました。しかし、琵琶湖はそれができて以来ずっと淡水湖であったのです。

琵琶湖で行われた1400mもの長大な掘削（ボーリング）で得られたコア（岩芯）の中には、海の生物の化石は全く見つかりませんでした。コアの上部900mは堆積物で、下部500mは基盤岩（花崗岩や流紋岩、砂岩・泥岩互層など）であることがわかっています。

日本の湖で内陸にある湖、田沢湖《たざわこ》や摩周湖《ましゅうこ》などは、火山によるカルデラ湖や火口湖ですが、海岸近くの湖、浜名湖やサロマ湖は塩水や汽水の湖です。

堆積と沈降

琵琶湖が現在の位置より西や北へと移動しないのは（できないのは）西側や北側に高い山があるためで、それを越えることができないからです。もう一つは、「琵琶湖西岸断層」によって琵琶湖の西側が沈降して水深が大きくなり、堆積物が厚くたまるようになったためです。

琵琶湖の西側には琵琶湖西岸断層と呼ばれる南北性の逆断層ができて、西側の比良山系は上昇し、琵琶湖側は沈降したのです。この断層は繰り返し起こったために、琵琶湖の湖底は西へと下がっていって、西側の湖底に厚い堆積物をためていったのです。琵琶湖は周辺の山地から多くの河川によって運ばれる堆積物が流入しているために、地殻変動がなければ、普通の湖と同様にやがて埋まってしまうのですが、この沈降のために埋まってしまわないのです。アフリカ中央にあるチャド湖は、サヘラントロプス・チャデンシス（約700万年前に出現した最初期の人類）がみつかっ

図19　琵琶湖
（出典：地理院タイル全国ランドサットモザイク画像を地理院地図Globeで3D表示（高さを3倍に強調）、データソース：Landsat8画像（GSI,TSIC,GEO Grid/AIST），Landsat8画像（courtesy of the U.S. Geological Survey），海底地形（GEBCO））

た所ですが、チャド湖の面積は、１９６０年代前半には約２万５０００㎢ありましたが、現在では流入する土砂に埋積されたり、人為的な影響があったりして、その15分の１ほどの面積になっています。

　琵琶湖は周辺から運搬された堆積物によって埋積されてもよさそうですが、琵琶湖西岸断層が活断層であるために、今後も琵琶湖は西側が沈降して底に厚い堆積物がたまり続けていきます。ただ渇水期には湖面が最大１ｍ50㎝ほども下降したことがしばしばあったようです。２０２１年には湖面が下って坂本城の石垣が露出したことがあったようです。２０２３年も湖面が69㎝も下がって、やはり坂本城の石垣が見えていたようです。

1-3　京都の自然（山紫水明）

京都の四方

京都は三方を山に囲まれ、南側だけが開けていて大阪湾に繋がっている地形をしています。すなわち東山、北山、西山の三山で、南にある男山《おとこやま》と天王山《てんのうざん》の間の狭い峡谷から淀川が大阪湾へと繋がっています。

三山を形成しているのはすでに述べた丹波帯の地層です。古い地層が浸食されてなだらかな山容を形成しています。これは地形的には準平原と呼ばれています。大阪平野は、京都の三山から流れ下る淀川の扇状地ないしは三角州を形成していて、その傾斜は京都の中心部よりは平坦です。平野の下には大阪層群の堆積層が広域に広がっています。

京都の山

京都三山のうち、東山は京都の鬼門《きもん》である比叡山から伏見の稲荷山まで東山三十六峰が南

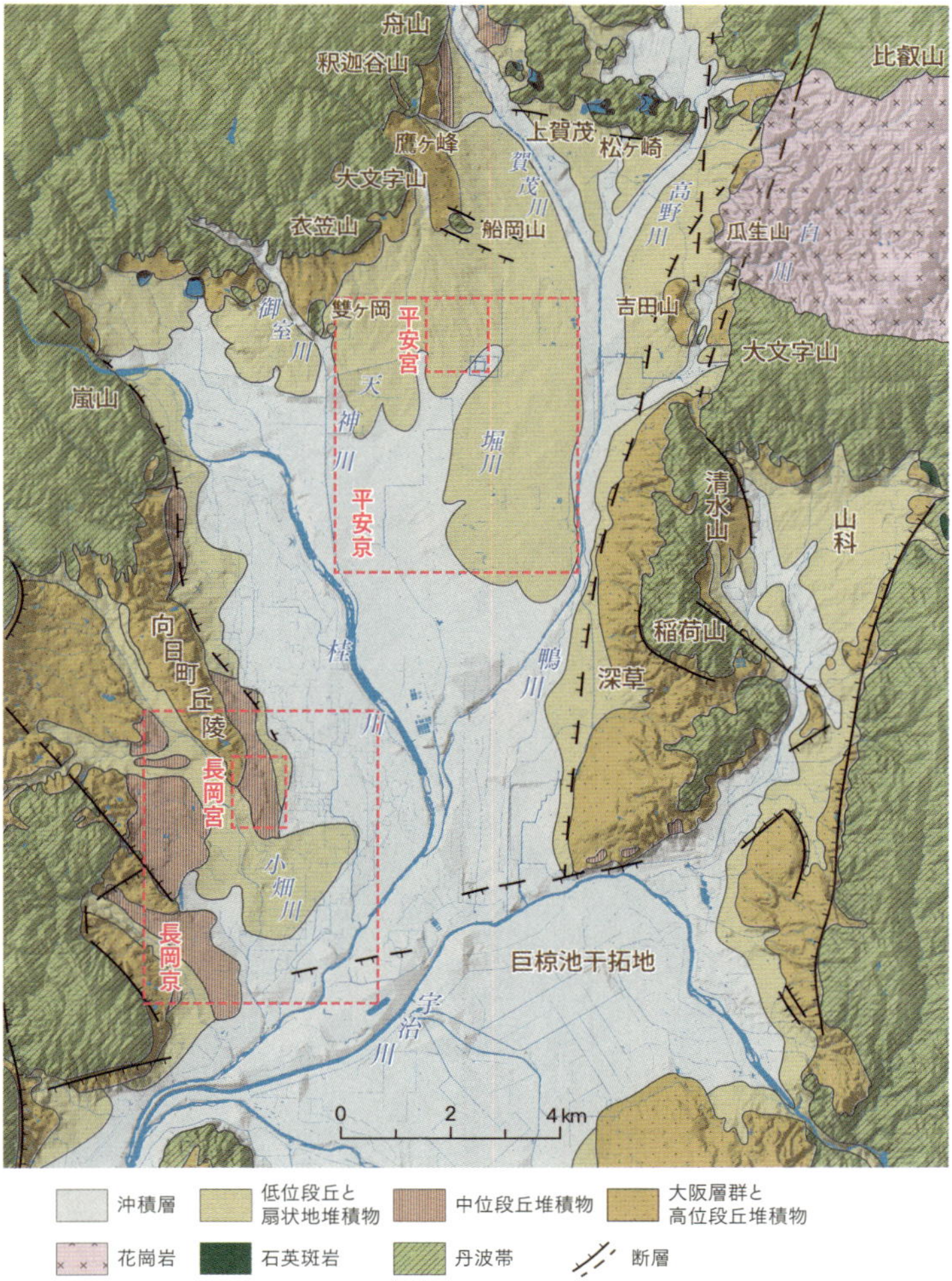

図20　京都盆地の地質図（地質情報出典：大場秀章ほか編 1995 p40）

北に繋がり、東西の街道として志賀越《しがご》えや逢坂越《おうさかご》えで東海道がつながります。北山は花脊《はなせ》や鞍馬《くらま》からその奥にある丹波高原を経て福井県に繋がります。西山は明智光秀で有名な愛宕山《あたごやま》などを穿《うが》った桂川が、嵐山、保津峡から亀岡を結び、山陰道が日本海に繋がります。比叡山と大文字山はその間に花崗岩《かこうがん》が貫人しており、その熱で変成を受けたホルンフェルスという硬い岩石からなるために、山として急峻です。この2つの山以外の三十六峰はすべて丹波帯からなり、多くは浸食によってなだらかな山となっています。

京都の川

市内を流れる川には鴨川、高野川《たかのがわ》、桂川などの河川以外にも白川、音羽川、天神川など小さな川もたくさんあります。これは奈良の川とも似ています。奈良は北と南から小さな川が集まって大和川を作って、これが王寺、古来からの地滑りの多発地帯である亀の背（奈良県三郷町・大阪府柏原市、図17参照）を経て、大阪湾に注いでいます。鴨川の西には江戸時代初期に角倉了以《すみのくらりょうい》・素庵《そあん》により高瀬川が作られて、これが伏見を経て宇治川に流れています。鴨川と高瀬川は物資の運搬に利用されてきました。森鷗外の小説「高瀬川」では罪人の運搬に使われています。鴨川や桂川などのやや大きな河川はしばしば洪水を引き起こしています。平安時代の洪水は主に左京（平安時代の大内裏からみたもので現在の左京区ではない）に被害を及ぼしたようで貴族の家は鴨川の東（鴨東）に移ります。また白川や音羽川などの小さな河川もしばしば氾濫を起こしています。

京都の池や湖

京都には自然に存在する池や湖として、北に深泥池《みぞろがいけ》と南にはかつて存在した巨椋池《おぐらいけ》があります。どちらも1万年前以降の完新世の頃にも低湿地として残っていました。深泥池は、後氷期の1万年前以降に、賀茂川の上流から礫や砂が運ばれてせき止められて池になり、そこにはミツガシワなどの氷期の頃の寒冷な環境に適した植物が生息していました。

図21　深泥池

巨椋池は、もとは自然の池でした。豊臣秀吉の頃に大治水工事が行われて大池として存在していましたが、現在は干拓地になっています。巨椋池は京都盆地の音波探査の結果、厚い堆積物が基盤の丹波帯の上にたまっていることがわかりました。それは大阪層群の地層や第四紀に運ばれた沖積層《ちゅうせきそう》で、基盤の上に700ｍもの厚さで堆積しています（図22）。厚い堆積物がたまる原因は、「宇治川断層」が巨椋池の北縁に存在し、

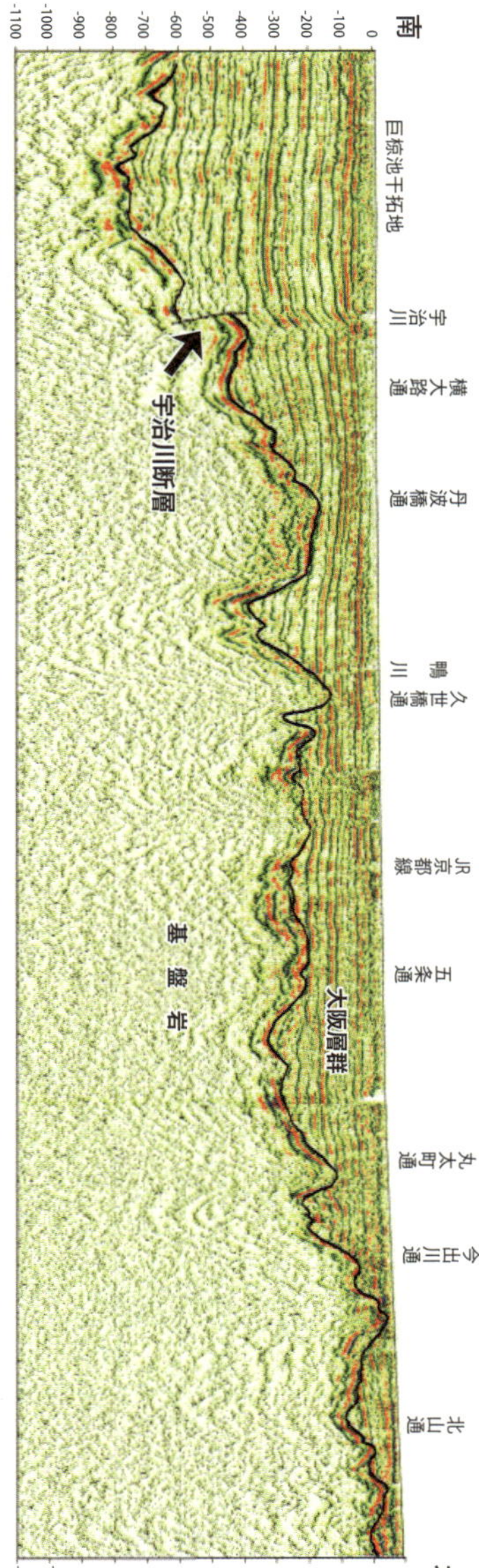

図22　反射法探査による京都盆地の地下構造南北断面図
（縦横比率4：1、出典：京都市 2001『平成12年度地震関係基礎調査交付金京都盆地の地下構造に関する調査成果報告書』に加筆）

京都盆地はこの断層を境に北は隆起し、南は沈降し、そこに宇治川・木津川・桂川の三川からの堆積物によってせき止められた浅い池が形成されたものと考えられます。巨椋池からの排出口は天王山と男山の間の狭隘《きょうあい》な谷だけしかなかったので、しばしば大洪水を起こしたために、秀吉が治水工事を始めたのでした。

京都の海

京都には海がないと思っている人が多いようですが、京都府の北には日本海が位置しています。若狭湾です。若狭湾はリアス式海岸を形成していますが、その中には舞鶴《まいづる》湾や宮津《みやづ》湾があります。また京都府周辺には、近《ちか》つ海《うみ》（近江）といわれた琵琶湖（淡水ですが）、大阪湾から瀬戸内海が、少し離れますが伊勢湾もあります。もっとも都はこれらの海からは遠いですが、日本海からは琵琶湖を通して大津から物資が都に届けられています。瀬戸内海からは淀川を通して伏見から都へ。若狭湾から伊勢湾に至る物流のルートは、日本列島の幅が最も狭いところに相当します。ここには若狭湾―伊勢湾構造線と呼ばれる断層が通っています。この断層は近畿三角地帯の北限になります。

街道

京都の街には七口《ななくち》と呼ばれる入口（出口）があります（図23）。実際には7つではなくて9つもあったようですが。東海道は逢坂山の峡谷を通って粟田口（三条口）から京に入ります。南は鳥羽街道や竹田街道から鳥羽口や竹田口などから入ります。西は山陰道の老ノ坂峠《おいのさか》を経て丹波口から入ります。北は小浜《おばま》から鯖街道《さばかいどう》を経て出町柳《でまちやなぎ》から大原口へとやってきます。すべての道はローマへ通ずではないけれども、すべての道は京へとつながります。近畿の主な街

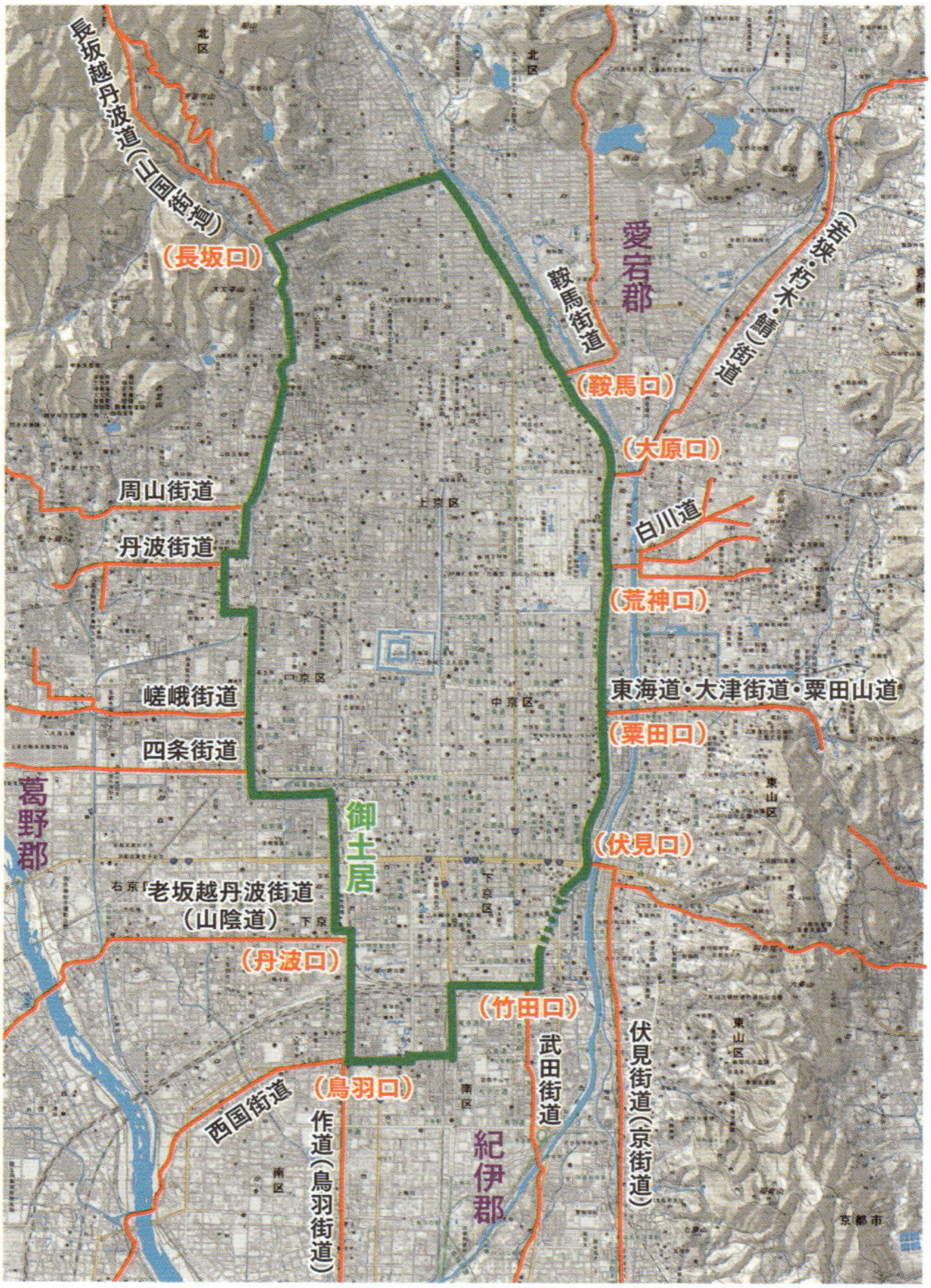

図23 安土桃山時代の京の主な街道と七口
(出典：公益財団法人京都市生涯学習振興財団編 2021 p137をもとに作成、基図：地理院タイル＋基盤地図情報数値標高モデル)

道は平安京ができた時に権力を集中するために作られたと考えられています。これらの街道は遠くの国からさまざまな物資を運ぶのに使われたようです。

自然の産物

自然の産物の詳細は第３章で述べますが、ここではほんのさわりを述べます。

・野菜

京都盆地には古くから人が住みついていたため、沖積層に田畑が広がり、京都の気候や風土にあった独特の野菜が栽培されてきました。その多くは京野菜と呼ばれています。野菜は土壌にも強く支配されています。たとえば大阪層群の海成層が分布している西山や伏見の深草には名物のタケノコを産する竹林が広がっていました。

・鉱山

京都府内には小さな鉱山がたくさんありました（図24）。少し大きいものに大谷鉱山（亀岡市）、河守《こうもり》鉱山（福知山市大江町）、鐘打《かねうち》鉱山（京丹波町）などがあります。主として丹波帯の中にあるマンガンの鉱山です。一方、花崗岩に伴う錫《すず》やタングステンの鉱山もありました。温

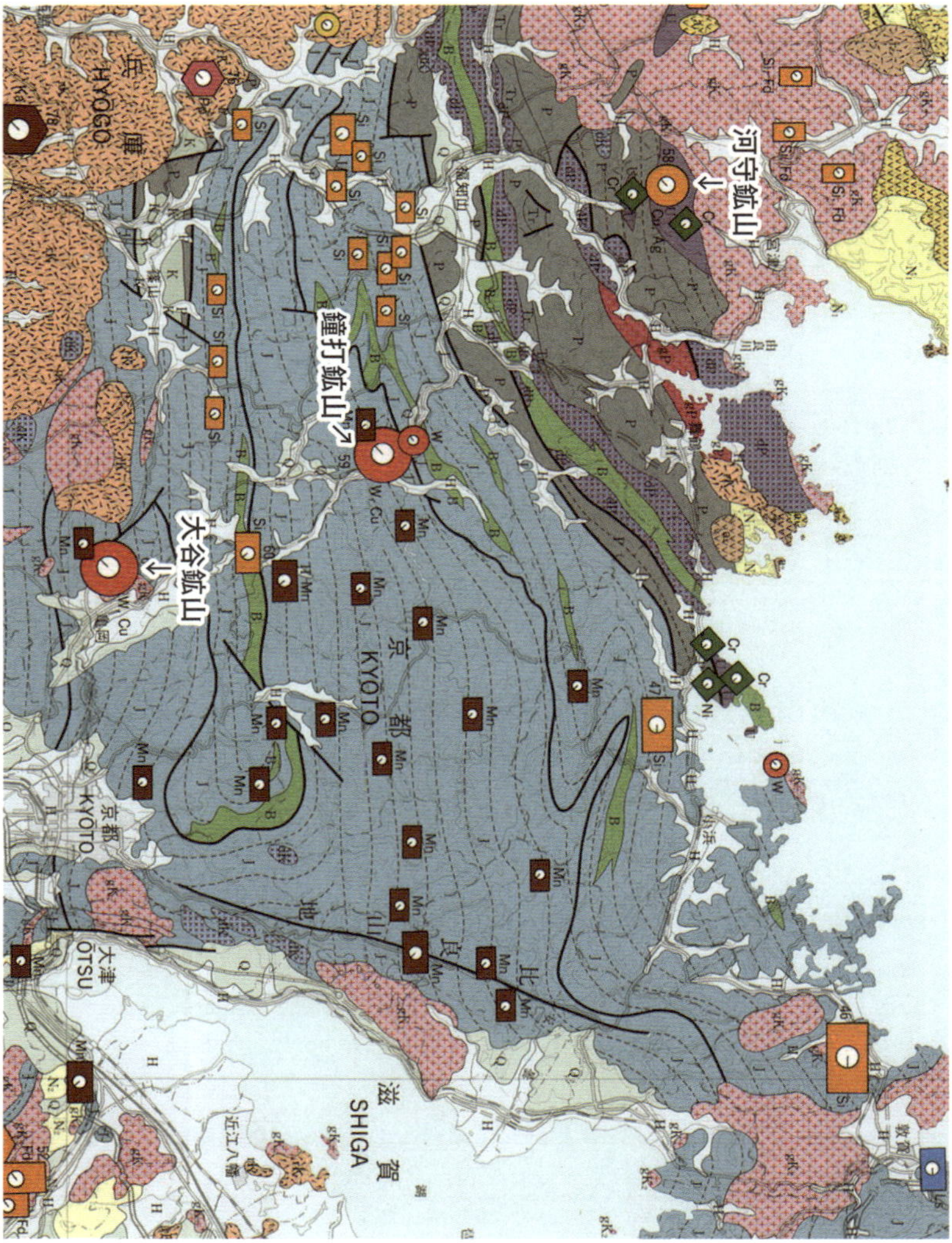
河守鉱山
鐘打鉱山
大谷鉱山
兵庫 HYOGO
京都 KYOTO
滋賀 SHIGA
大津 ŌTSU

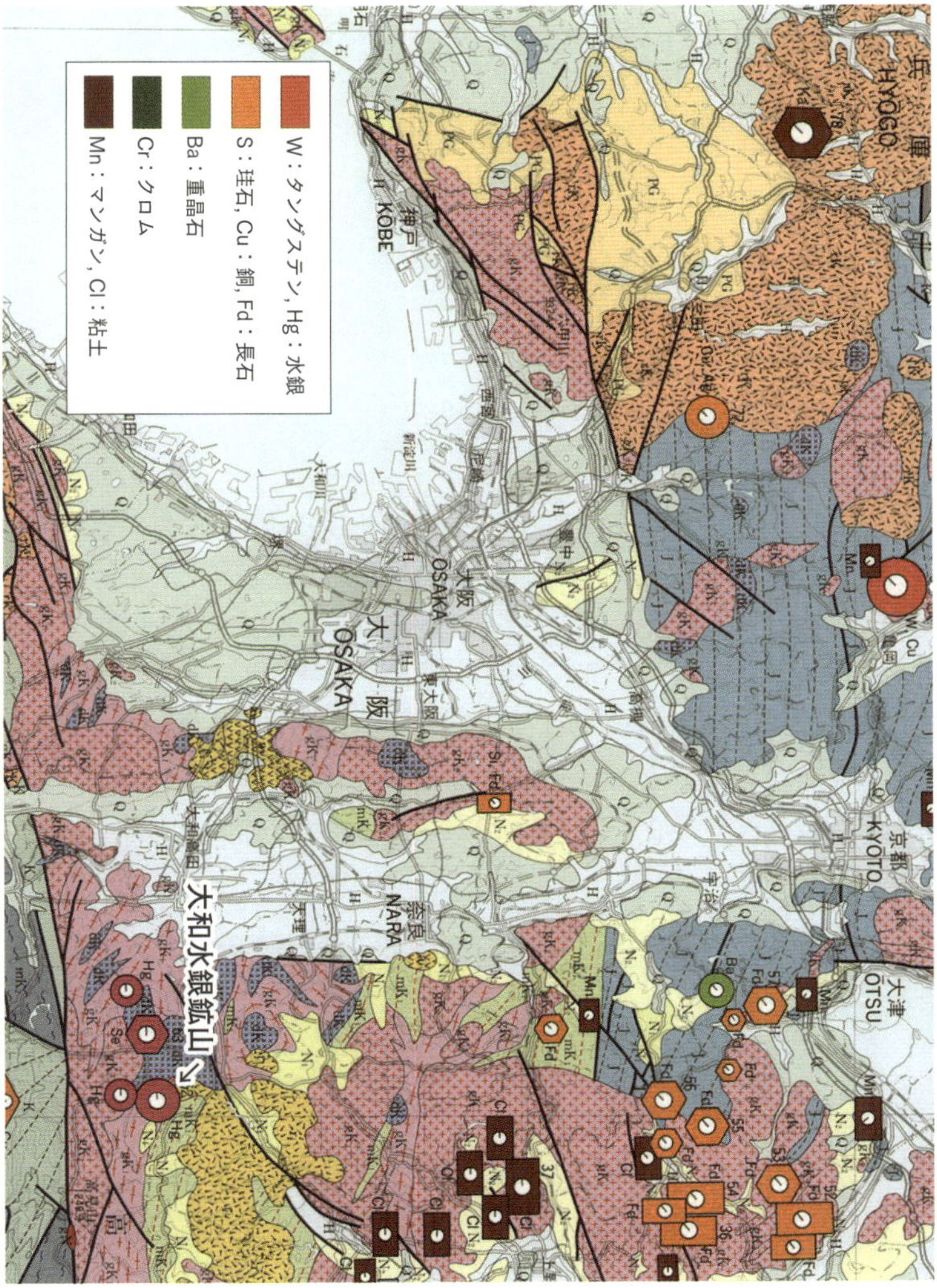

図24　近畿の主な鉱物資源
（出典：「鉱物資源図 中部近畿」須藤定久・小村良一、産総研地質調査総合センター、鉱山名を加筆・凡例情報を簡略化）

泉（鉱泉）として北白川にはラジウム温泉が知られていますが、これも花崗岩に伴うものです。

【コラム5「近畿の鉱山」参照】

遷都と1000年の都

以上本章で見てきた平安京の系譜から、地球科学的には京都は都に最も適した場所であったと言えるのではないでしょうか。たとえ何度も災害に見舞われたり政治的な問題が起こったりしても、そこに住むことがいやになったりはしなかったのです。第50代の桓武天皇から121代の孝明天皇までの約1000年間は都を移すことはなかったのです。

5億年前に大陸の縁に舞鶴帯が形成され、その南に2億年前の付加体である丹波帯が形成され、1億年前頃に花崗岩の貫入があり京都の基盤が形成されます。

2000～1500万年前頃に日本海ができて、日本列島は大陸から離れて現在の位置にやってきます。古銅輝石安山岩《こどうきせきあんざんがん》の活動が活発になり南北方向の山地が形成され、それが東西方向に広がって地塁・地溝構造ができ、凸凹の地形ができます。

第四紀に東西圧縮の影響で盆地や山地が顕著になり、海水準変動で海が大阪湾から京都や奈良へと拡大・縮小し、凸凹の凹地には水がたまり池や湖を作ります。山地の浸食で河川から運ばれた土砂が凹地をせき止め、また水はけのよい扇状地をつくり、やがてそこに人々が住み始めます。

　こうして小さな集落から村、やがて国家がつくられ、奈良には律令国家である飛鳥の都が形成されてきました。奈良は扇状地でも河川の勾配が緩いために、水はけはよくなかったので、池が多かったようです。平安時代には長岡京から洪水の災禍を避けるために、鴨川上流の扇状地に平安京ができて、律令体制が確立し、国風の文化が育ってきます。

　しかし、度重なる災害が起こったのですが、それにもかかわらず都は維持されてきました。そして明治になって東京へ都が移されるまでの約１０００年間のあいだ、天皇は一度も都を移しませんでした。

コラム4

近畿三角地帯と都城の形成

1-2節「近畿の自然とその系譜」でも述べましたが、「近畿」とは、律令制ができた時に畿内七道が名付けられたことに由来し、首都圏に近いという意味です。

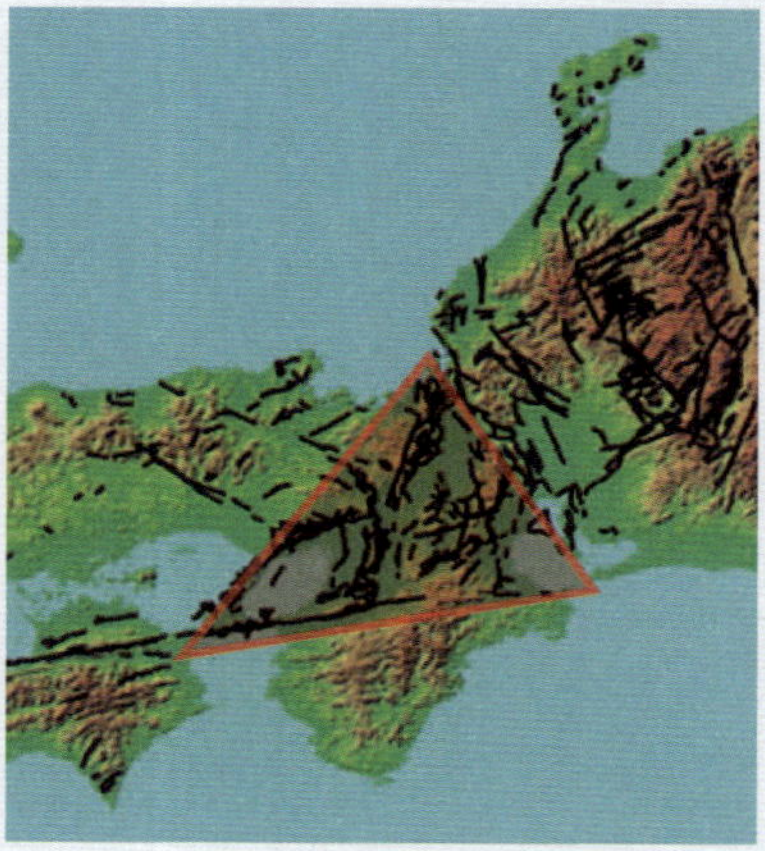

図25　近畿三角地帯
（出典：地震調査研究推進本部web 素材集「日本列島における活断層の分布」に加筆）

近畿地方にはその中央部に三角形をした大きな凹地が見られます。三角形の東の端を北北西—南南東に走る若狭湾—伊勢湾構造線、西の端を北東—南西方向に走る有馬—高槻構造線、南の端を東西に走る中央構造線で囲まれた三角形について、藤田和夫（Huzita, 1962）が「近畿三角地帯」（近畿トライアングル）と名付けたものです（図25）。これは上の3つの大きな断層（構造線）によってできた陥没地形です。このような断層は今から約2000万年前から活動をし、その後100万年前から顕著な近畿の凹地をかたち作ってきました。さてこの近畿三角地帯に都ができていくのですが、それは地形的に見てどんな意味があるのでしょうか。近畿三角地帯のでき方について以下に掲げましたが、満足のいく説明はまだないようです。

近畿三角地帯の形成史

近畿三角地帯のそもそもの起源は日本海の拡大にあります。日本列島は約2000万年前にはユーラシア大陸に引っ付いていました。約2000万年前に、ここに大きな亀裂ができて、やがてそれが広がって日本海が形成されます。日本海の拡大に伴って西南日本は時計回りに、東北日本は反時計回りに回転しながら移動し、約1500万年前には現在の位置に来たというのが定説です。

日本海の拡大に伴って、近畿の地盤は北からは圧縮、南からはフィリピン海プレートの北進で南北圧縮が起こります。その結果、東西方向に拡大して陥没し、いくつかの地塁・地溝構造（凹凸の構造）ができました。この構造は日本海溝に沈み込む太平洋プレートの上面にできる形体と似たものです。地溝は東アフリカ地溝帯（リフト）に見られる細長く、陥没した凹地構造と同じものです。その落差は1700mもあります。

第四紀（約258万年前から現在まで）になって日本列島の東西圧縮のため共役断層《きょうやくだんそう》（2本の断層が同時にできる）が北西―南東と北東―南西の方向にできて、以前に形成されていた陥没と隆起からなる地塁・地溝構造が顕著に浮かびあがってきます。この断層運動によって若狭湾―伊勢湾断層や有馬―高槻構造線が共役断層としてできて、それにフィリピン海プレートの北西進による斜め沈み込みによって中央構造線は右ずれに運動し、これらが組み合わさって三角形ができます。

近畿の地塁・地溝構造は、東から西へ鈴鹿山地（凸）、近江盆地（凹）、比良《ひら》山地（凸）、京都盆地と奈良盆地（凹）、生駒《いこま》山地、二上山《にじょうさん》・金剛山地（凸）、大阪盆地と大阪湾（凹）・淡路島（凸）などの配列になります。この凹地には第四紀の堆積物（最上部は沖積層）がたまって地面は平坦になり、奈良や京都の都の建設が容易になったのです。

四辺形の意味

これらの地塁・地溝構造は四辺形の条坊性を作りやすい地形です。近畿にヨーロッパのような円形の都市が発達しなかったのは、円形の都市を作るには、奈良では大和三山（香久山《かぐやま》、耳成山《みみなしやま》、畝傍山《うねびやま》）が邪魔をし、京都では西山、東山、北山の三山が邪魔をしているからです。近畿では四辺形の土地が最大の面積を持つことになります。条坊制は中国からの輸入ですが、上のようなためにそのまま適用されたものと考えられます。

「風水」はまやかし（非科学的）のように思われていますが、実際には地形、気象など地学的な要素を採り入れて占うものなので、科学的と言えます。この風水で言う良い土地とは、北に山、東に川、西に道、南に池がという具合に配列している土地のことですが、京都ではそれらが完備しています。

コラム5

近畿の鉱山

近畿にはたくさんの金属鉱山がありました。それらは現在では休山中のものを除いてすべて閉山になっていますが、奈良時代やそれ以前から知られているものもありました。飛鳥、奈良、平安の頃に採掘されていた鉱山には、金、銀、銅、水銀などの金属資源がありました。

水銀

そのうちで近畿地方に多く産出したものに水銀があります。これは中央構造線に沿った鉱山から出たようで、構造線の内帯側（北側）には新第三紀（2350万年前〜258万年前）の酸性火山岩に伴って、シリカ（石英《せきえい》）の脈の周囲に水銀が濃集したようです。奈良の大仏の表面に金メッキするのに使われたようですが、多くの人が水銀中毒にかかって、奈良の都の崩壊の一因であったと考えられています。水銀をよく研究した松田寿男（1975）によれば、奈良の南東の宇陀郡菟《う》田野町《たのちょう》（現宇陀市）にある大和《やまと》水銀鉱山や神生水銀鉱山は古くから開発されてきたようです。松田は、卑弥呼が中国に朝見した時の貢物は水銀であったとし、奈良に都ができたのもこの水銀を目的としたものであるとも考えています。水銀は中国では古くから不老長寿の良薬とされていましたが、邪馬台国と交流のあった魏の国には水銀鉱山がなかったので、卑弥呼が朝貢したとも言われています。

図26　大和水銀鉱山より産出した辰砂
（出典：産業総合研究所地質調査総合センター地質標本館Web）

水銀の用途は豊富で、辰砂《しんしゃ》（丹）を顔や体の朱の入れ墨に使ったとか（主に縄文時代）、土器の釉《ゆう》薬《やく》に使ったとかいろいろ言われています。辰砂は神社の鳥居や周りの垣根にも、死者を弔う棺桶にも使われていました。また防腐剤としても使われていたようです。昭和になって水俣病《みなまたびょう》や新潟阿賀野川《あがのがわ》の鉱毒事件、富山神通川《じんづうがわ》のイタイイタイ病のように、水銀やカドミウムが水産物や飲料水に混じって人体を侵害することがわかってきましたが、奈良時代にはそのようなことはよくわからなかったので、多くの人が水銀中毒になったことは想像に難くありません。水俣では、メチル水銀を食べたプランクトンを食べた魚が水銀を濃集して、それを食べた人体に大きな影響を与えたものと分かりました。水銀には功罪等しく存在するようです。

最近川幡穂高《かわはたほだか》（2022）は奈良周辺の土壌の水銀や鉛の測定を行って、水銀中毒を起こすのは大仏の周辺に限られていたことや、むしろ鉛が中毒を起こすほど大量にあったと言っています。

鉄

鉄は近畿には、というか日本では鉱山は少数しかありませんでした。日本には鉄鉱石として知られるのはほとんどありません。主に砂鉄です。大陸には鉄山はたくさんあります。今から27億年ほど前までには地球の大気には遊離の酸素（O_2）が含まれていませんでした。シアノバクテリアが登場し、光合成によって酸素をもたらしました。酸素は海水中に溶けていた鉄分と結びついて水酸化鉄（Ⅲ）を形成し、海底に沈殿しました。水酸化鉄（Ⅲ）は脱水して赤鉄鉱（鉄の赤さび）に変わっていきます。これが現在知られている鉄鉱石で、残念ながら日本にはありません。日本では砂鉄を溶かして鉄を作っていましたが、それには炭を使うために莫大な量の木が必要でした。

京都でも山陰地方には砂鉄の産地はありますが、京都盆地で製鉄したという話は聞きません。

銅・金

奈良東大寺の毘盧舎那仏《びるしゃなぶつ》（大仏）を作る時には膨大な量の銅、金、水銀が必要でした。これらのうち、水銀以外の金属は近畿にはあまりなく、銅は、近くでは岡山県の吉岡鉱山や三原鉱山、遠く山口県の大和《やまと》鉱山や長登《ながのぼり》鉱山から求められたようです。大村益次郎の生まれた山口県の鋳銭司《すぜんじ》村《むら》(現山口市)では銅の貨幣を造っていたようですが、ここでは長登鉱山の銅を使っていたようです。

水銀は最初に述べたように、中央構造線に沿った地域に点々とあったのでそこから採っていました。

しかし、金はほとんど採掘できないので砂金を奥羽地方から運んでいました。金売り吉次という男が『義経記《ぎけいき》』に出てきます。彼は12世紀に奥州藤原秀衡《ひでひら》の所から砂金を京に運んでいろいろなものと交易していたと言います。奥州のどこに砂金があったのかは定かではありません。現在では鹿児島の菱刈《ひしかり》鉱山が唯一稼働していますが、北海道の鴻之舞《こうのまい》鉱山や九州の鯛生《たいお》鉱山、新潟県の佐渡鉱山、伊豆半島の清越《せいごし》鉱山などから金が産出していました。江戸時代が産金のピークであったようです。

金属をいろいろな地域から運んだということは、当時交通路として日本の街道が良く整備されていたことを物語っています。

第2章

災害が京都にもたらしたもの

2-1　京都を襲った地震

さまざまな災害に見舞われてきた京都

794年平安京の開闢《かいびゃく》以来、いやそれ以前から都やその周辺にはさまざまな災害が起こってきています。それらは地震、台風、洪水などの天災と、火災などの人災です。都人たちはそのような災害をも恵みに変えて、1000年もの長い間都を維持してきたのです。それらの災害について見ていきたいと思います。

近世以降に京都を襲った災害について、大邑潤三・加納靖之は『京都の災害をめぐる』(2019)で次の10の災害を挙げています。それらは、1596年の慶長《けいちょう》伏見地震、1662年の寛文《かんぶん》近江・若狭地震、1788年の天明《てんめい》京都大火、1830年の文政《ぶんせい》京都地震、1854年の伊賀上野地震、1864年の元治《げんじ》の大火、1885年の明治18年の水害、1934年の室戸《むろと》台風、1935年の京都大水害、1953年の南山城水害、1953年の南山城水害です。1953年の南山城水害の折、筆者(藤岡)は小学校3年生でしたが、家が左京区にあったためかまったく記憶にはありませんでした。しかし、京都市内で言えば、同年9月の台風13号で引き起こされた宇治川の堤防決壊の被害は甚大でした。一方、伏見区淀に住んでいた筆者（原田）は、観月橋《かんげつきょう》付近で京阪電車宇治線とそれに並行する国道が水没した状況をよく覚えています。また、淀競馬場付近の堀の水位が軌道付近まで上がって、本線も最徐行して走っていました。もちろん平安京の開闢から近世までには、また平安京以前にももっとたくさんの災害があったと思われますが記録が完全ではないために知られていないということがあります。それらをこれから見ていきたいと思いますが、まず最近の地震の例や種類、メカニズムについて述べることにします。

能登半島地震

令和6年正月元日の午後4時10分頃に能登半島でマグニチュード7・6（M＝7・6）の地震が起こりました。石川県の志賀町《しかまち》や輪島で震度7を記録し、地震の発生から1分から数分で津波が押し寄せました。新潟県や石川県では多くの場所で液状化が起こって建物が倒壊しました。輪島の朝市では火災が起こって商店がほとんどすべて焼けてしまいました。なお、液状化という現象が認識されたのは１９６４年の新潟地震の時でしたが、古墳時代の遺跡などで液状化の跡を初めて指摘したのは寒川旭《さんがわあきら》（１９９２）でした。

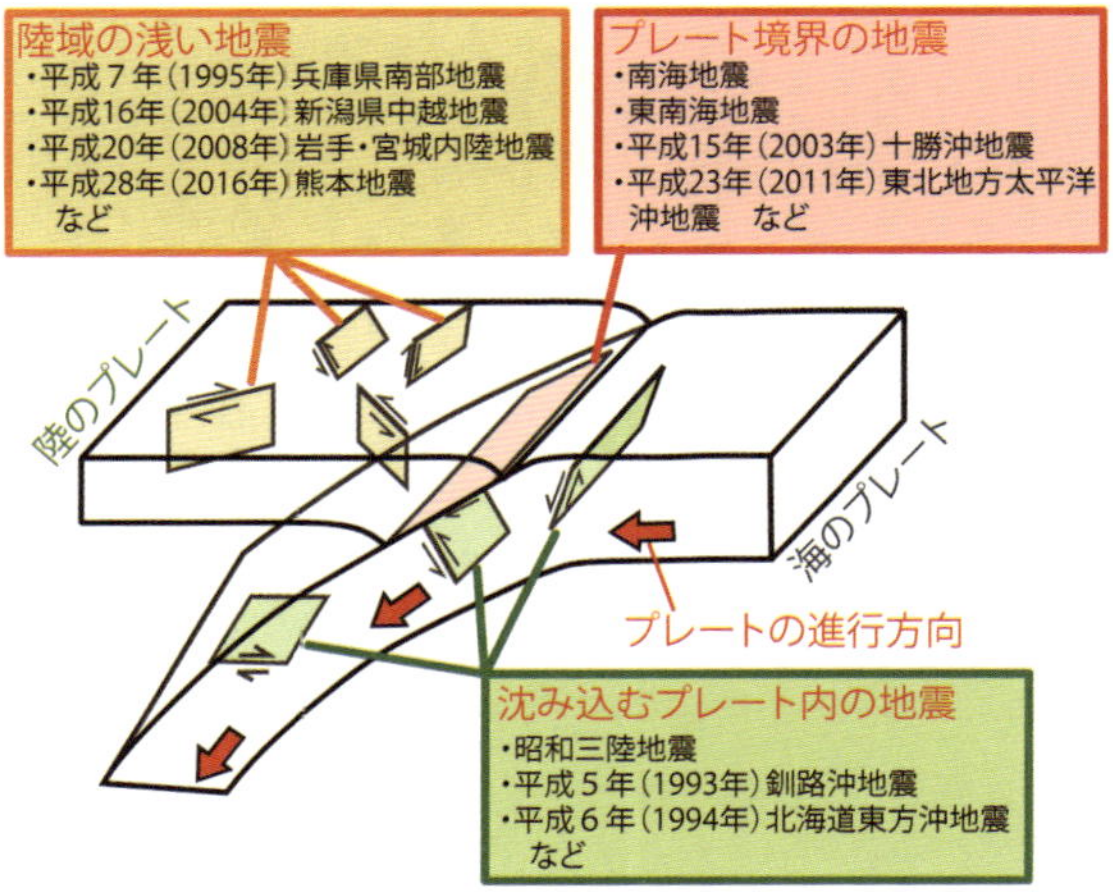

図27　地震の種類とメカニズム
（出典：気象庁web「地震発生の仕組み」
https://www.data.jma.go.jp/eqev/data/jishin/about_eq.html）

能登半島地震では断層運動によって最大4mもの地盤の上昇がみられ、最大4mの津波が押し寄せました。家屋は木造のものはもちろん倒壊も多く、ビルは横倒しになりました。木造家屋の倒壊で圧死した人もいました。

この地震から平安時代に京都で起こった地震のありさまを想像することができます。それは鴨長明の『方丈記』にも記載されています。京都に起こった災害を見ていく前に、地震がどうやって起こるのかを簡単に説明します。

地震の種類とメカニズム

地震には海溝で起こる海溝型地震と、内陸で起こる内陸地震（地震断層）があります。海溝型地震はプレート同士の摩擦により発生する地震で、沈み込むプレートが沈み込まれる側を引き込んだ結果、沈み込まれる側が外れて戻る時に発生するものだと考えられています。内陸地震は陸の中の岩盤が歪《ひずみ》に耐え切れなくなって、地面が裂けることによって起こる地震です。どちらもＭ＝８・０という巨大地震を起こします。海溝型地震はしばしば津波を引き起こします。内陸地震のマグニチュードが８を越えることは稀ですが、都市圏に近いと甚大な被害が生じます。内陸地震では津波は発生しません。

南海トラフという言葉が後にしばしば登場します。トラフとは海底地形の用語で、和舟の底のような形をした窪地のことです。日本付近では相模トラフ、駿河トラフ、南海トラフ、沖縄トラフなどがあります。トラフには２つの種類があります。一つは海溝と同じくプレートの沈み込みによってできるものですが、海溝が６０００ｍ以深の溝状の地形であるのに対して、トラフはもう少し水深の浅い、底が平坦なものを言います。相模・駿河・南海トラフはこの種類です。もう一つは海嶺と同じように下からマグマが上ってきて新しいプレートを造るような場所で形成されます。沖縄トラフはこちらの種類です。南海トラフで起こる地震の震源域はＡ〜Ｅ、Ｚの６つの区域に区分されています。地震の名前に関してはその発生地域から東から西へ東海地震、東南海地震、南海地震という具合です（図28）。

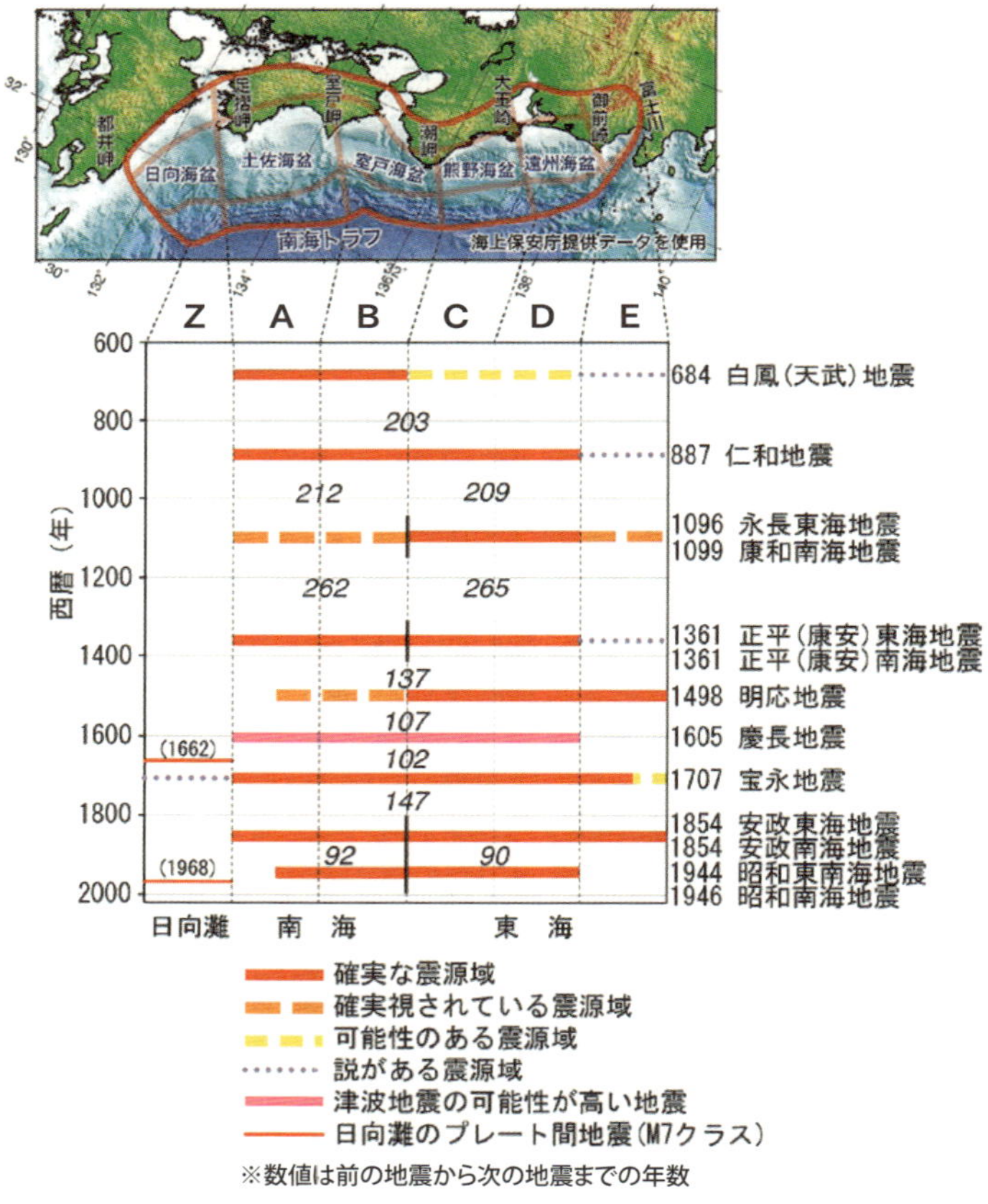

図28 南海トラフ地震の震源域と過去の発生状況
（出典：地震調査研究推進本部web「南海トラフで発生する地震」に加筆
https://www.jishin.go.jp/regional_seismicity/rs_kaiko/k_nankai/）

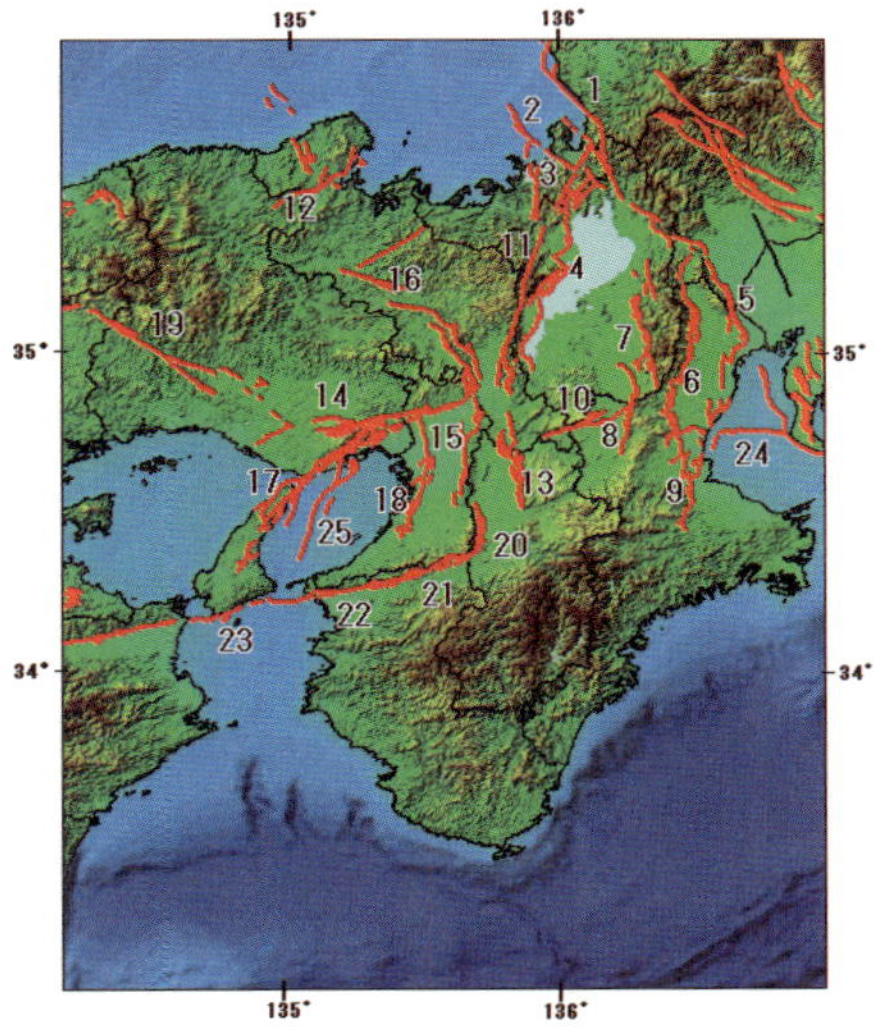

1：柳ヶ瀬・関ヶ原断層帯
2：野坂・集福寺断層帯
3：湖北山地断層帯
4：琵琶湖西岸断層帯
5：養老－桑名－四日市断層帯
6：鈴鹿東縁断層帯
7：鈴鹿西縁断層帯
8：頓宮断層
9：布引山地東縁断層帯
10：木津川断層帯
11：三方・花折断層帯
12：山田断層帯
13：京都盆地－奈良盆地断層帯南部（奈良盆地東縁断層帯）
14：有馬－高槻断層帯
15：生駒断層帯
16：三峠・京都西山断層帯
17：六甲・淡路島断層帯
18：上町断層帯
19：山崎断層帯
20 ～ 23：中央構造線断層帯
24：伊勢湾断層帯
25：大阪湾断層帯

図29　近畿の主要活断層
（出典：地震調査研究推進本部web「近畿地方の地震活動の特徴」）

地震と断層

近畿地方、特に京都の周辺には以下のような断層が分布しています（図29）。中央構造線と有馬―高槻断層、花折断層（「花折」の読みは「はなおれ」とも「はなおり」とも言う）はすでに述べた近畿三角地帯を画する断層です。これら以外に三方五湖《みかたごこ》断層、琵琶湖西岸断層、宇治川断層、山崎断層、六甲山南麓の一連の断層、野島《のじま》断層などがあります。野島断層は阪神淡路大震災の折に活動した断層です。これらの断層沿いには川ができていたり、街道になっていたりしています。

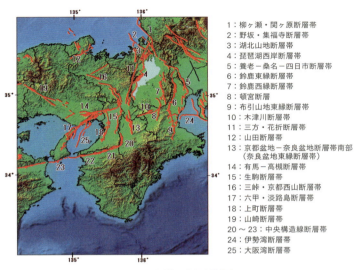

京都周辺を襲った地震　平安時代まで

京都を震源とする地震や京都に被害を与えた地震については寒川旭が『地震の日本史』（２００７）にまとめています。また上に述べた大邑・加納『京都の災害をめぐる』が京都に起こった災害についてまとめています。それらや、宇佐美龍夫ほか『日本被害地震総覧』（２０１３）も参考にしながら見ていくと以下になります。これらは当然古文書などに記録が残っているものについてです。

・７３４（天平６）年５月18日

――Ｍ＝７・０〜７・５。天平河内大和地震。聖武天皇即位11年目の地震。『続日本紀《しょくにほんぎ》』に「地大《なゐ》いに震《ふ》りて、天下百姓の蘆舎を壊つ。圧死するもの多し、山崩れ、川塞がり、地往々に圻裂すること、勝《あ》げて数ふべからず」とある。

ここから平安時代になります。

・８２７（天長４）年８月11日

――Ｍ＝６・５〜７・０。海溝型か内陸型かはわからない。京都が被害地域で、舎屋多く潰れ、余

―震が翌年6月まであった。

・887（仁和3）年8月26日

―M＝8・0～8・5。仁和《にんな》地震。南海と東海の連動地震。典型的な海溝型地震。京都で諸司の舎屋および東西両京の民家の倒壊多く、圧死者多数、津波が沿岸を襲い溺死者多数、とくに摂津の浪害が最大。

上の2つの地震では家屋の倒壊が目立ちます。この頃の家屋は2階建てはなくすべて平屋でしたが、多くが倒壊したようです。当時はもちろん耐震建築などはないので、地震の揺れで簡単に倒壊したものと思われます。

・938（承平8・天慶元）年5月22日

―M≒7・0。京都・紀伊が被害地域。地震のタイプは不明。宮中の内膳司《ないぜんし》頽《くず》れ死者4人。その他東西両京の舎屋、築垣倒れるもの多く、堂塔仏像も多く倒れる。高野山の被害が詳細に記録されている。

・976（天延4・貞元元）年7月22日

―M≧6・7。被害地域は山城・近江で内陸地震。『扶桑略記《ふそうりゃっき》』・『日本紀略』に記述あり。清水寺、八省院、豊楽院《ぶらくいん》、東寺、西寺、極楽寺、円覚寺が倒れ、清水寺では僧俗50人ほどが圧死。近江国分寺の大門などが倒壊。

・1096（嘉保3・永長元）年12月17日

M＝8・0〜8・5。永長地震。被害地域は畿内・東海道。海溝型地震。この時期相次いで地震が起こった。大極殿《だいごくでん》小破、京都では震動の割に被害僅少。東大寺の巨鐘また落ちる。薬師寺回廊転倒、東寺塔の九輪《くりん》落ちる。近江の勢多《せた》橋落ちる。津波が伊勢、駿河を襲う。

・1099（承徳3・康和元）年2月22日

M＝8・0〜8・3。南海地震。被害地域は南海道・畿内。海溝型地震。興福寺西金堂・塔小破、大門と回廊が倒れた。土佐で田千余町海に沈む。

・1185（元暦2・文治元）年8月13日

M≒7・4。文治《ぶんじ》地震。被害地域は近江・山城・大和。『平家物語』や『方丈記』に出てくる。京都の震害とくに大。なかでも白河あたりの被害が大きい。白河の六勝寺が皆崩れる。【コラム6「『方丈記』を読む」参照】

ここまでが平安時代の京都の地震です。飛鳥や奈良時代から、五重塔などは独特の建築様式を行っていたために、地震の揺れを吸収するような構造をしていたようです。それはヨットの帆柱のような構造で、これは日本の独自の建築様式だったようです。従って多くの寺の五重塔などの高い建物は地震では倒れなかったと思われます。

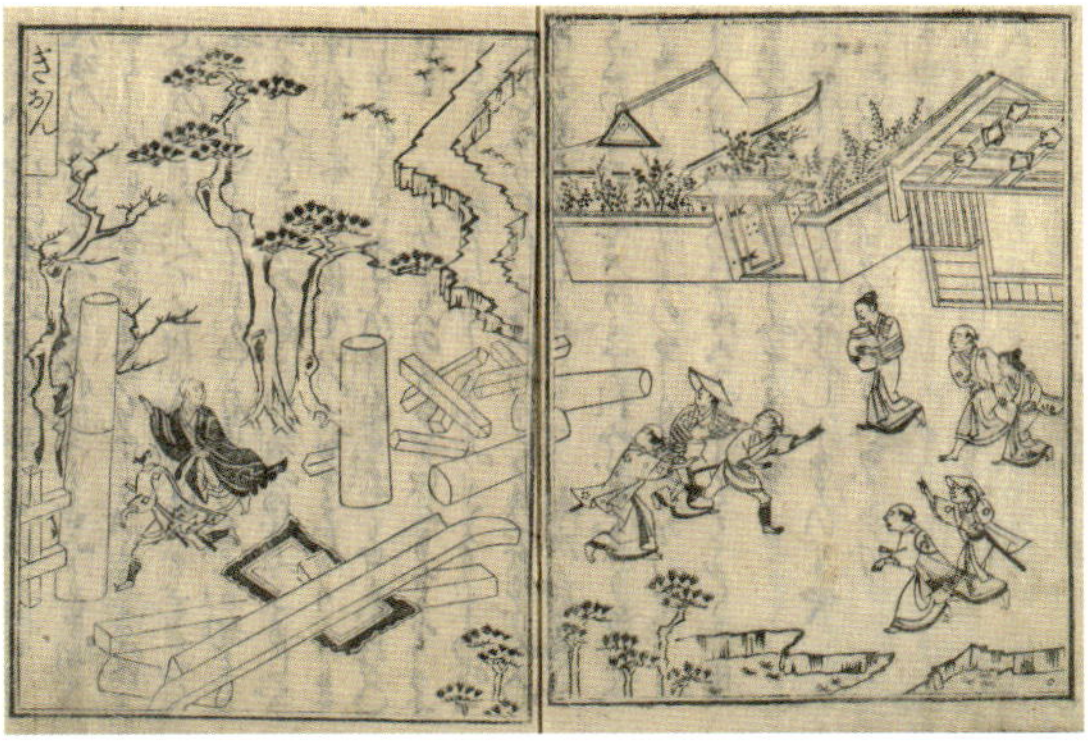

図30　寛文近江若狭地震での祇園の様子
（『かなめ石』より、出典：国会図書館デジタルコレクション）

京都周辺を襲った地震　鎌倉時代以降

・1317（正和6・文保元）年2月24日

M＝6・5〜7・0。京都に強震、東寺の塔の九輪折れて傾く。

・1361（正平16）年8月3日

M＝8¼〜8・5。正平《しょうへい》地震。海溝型地震。摂津四天王寺の金堂転倒。津波が沿岸を襲い摂津、阿波、土佐で被害。

・1498（明応7）年9月20日

M＝8・2〜8・4。明応《めいおう》地震。海溝型地震。津波の被害が大きかった。津波は紀伊から房総の海岸を襲った。鎌倉大仏の建物が流された。

・1596（文禄5・慶長元）年9月5日

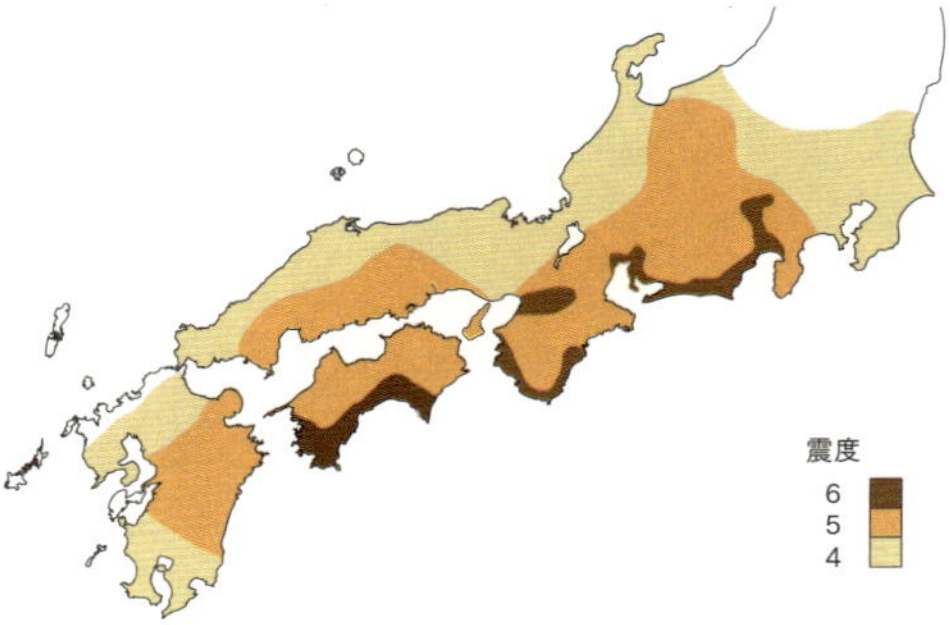

図31　宝永地震の震度分布図
（出典：加納靖之ほか 2021 p70に着色）

—M＝7・5±¼。慶長伏見地震。内陸型地震。秀吉地震ともいう（後述）。京都三条から伏見に至る間の被害が大きい。伏見城の天守大破、石垣崩れ上臈73人・中居下女《なかいげじょ》500余人圧死。

・1605（慶長9）年2月3日

—M＝7・9。慶長南海地震。海溝型地震。2つの地震が生じたと考えられる。津波は犬吠崎（千葉県）から九州に至る太平洋岸に押し寄せ、八丈島でさえ家屋残らず流亡した。

・1662（寛文2）年6月16日

—M＝7¼〜7・6。寛文近江・若狭地震。花折断層が動いた時の地震（後述）。京都で町家の倒壊1000軒、死者200名という。六地蔵《ろくじぞう》・鞍馬《くらま》で山崩れ。

・1707（宝永4）年10月28日

—M＝8・6。宝永《ほうえい》地震＋富士山噴火。南海トラフ全部が切れた海溝型の地震。大阪では家屋の倒壊が1000軒、京都は揺れが緩かった。

・1830（文政13・天保元）年8月19日

—M＝6・3〜6・7。文政京都地震。京都の愛宕山《あたごやま》付

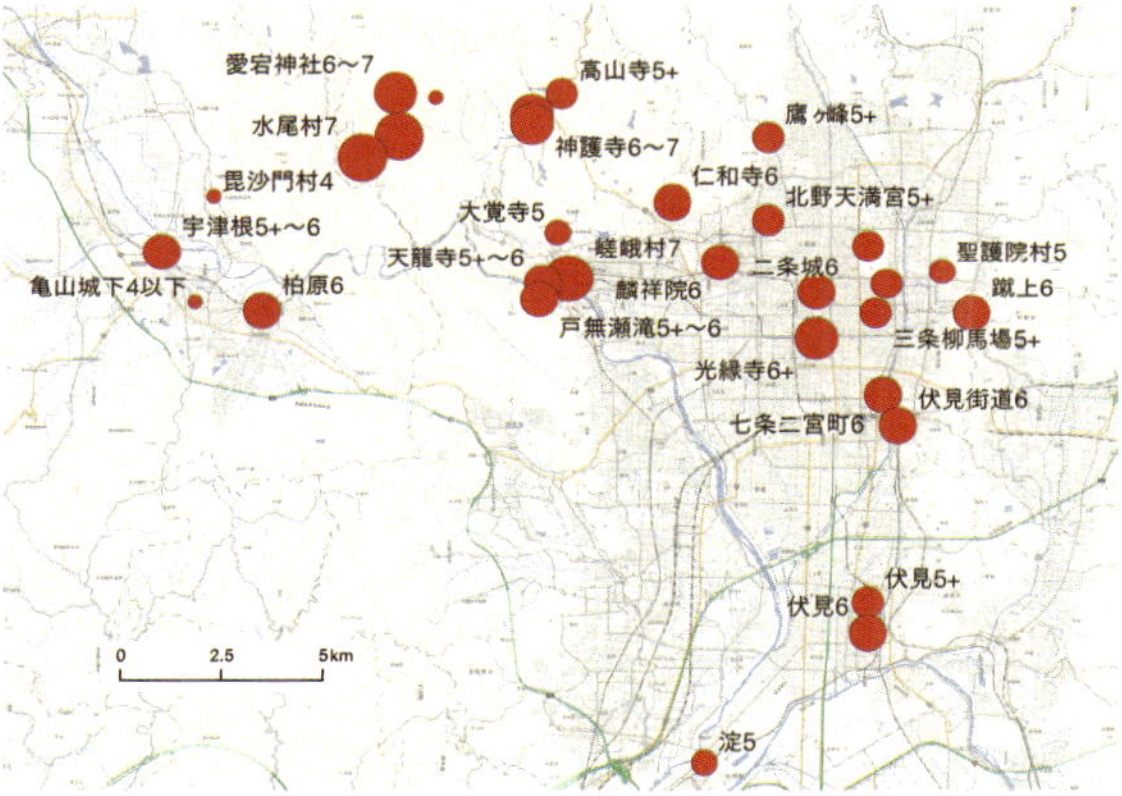

図32　文政京都地震の震度分布図
（出典：大邑潤三 2024 p155の表をもとに作図。基図：地理院タイル）

近が震央だったと考えられている。烈震が京都市内に限られる。洛中洛外の土蔵で被害を受けないものはなかった。

・1854（嘉永7・安政元）年7月9日
M＝7・0〜7・5。伊賀上野地震。中部から近畿の広い範囲で強い揺れを感じた地震。各地で地盤の液状化やそれによる被害がみられた。

・1854（嘉永7・安政元）年12月23日
M＝8・4。安政《あんせい》東海地震。

・同年12月24日
M＝8・4。安政南海地震。海溝型地震。1853年に小田原地震、1854年には伊賀上野地震、1855年には安政江戸地震が起こっている。この地震は米国のペリーが浦賀にやってきた次の年に起こっている。伊豆下田に停泊していたロシアの軍艦ディアナ号はこの地震の影響を受けて大破し、後に沈んだ。

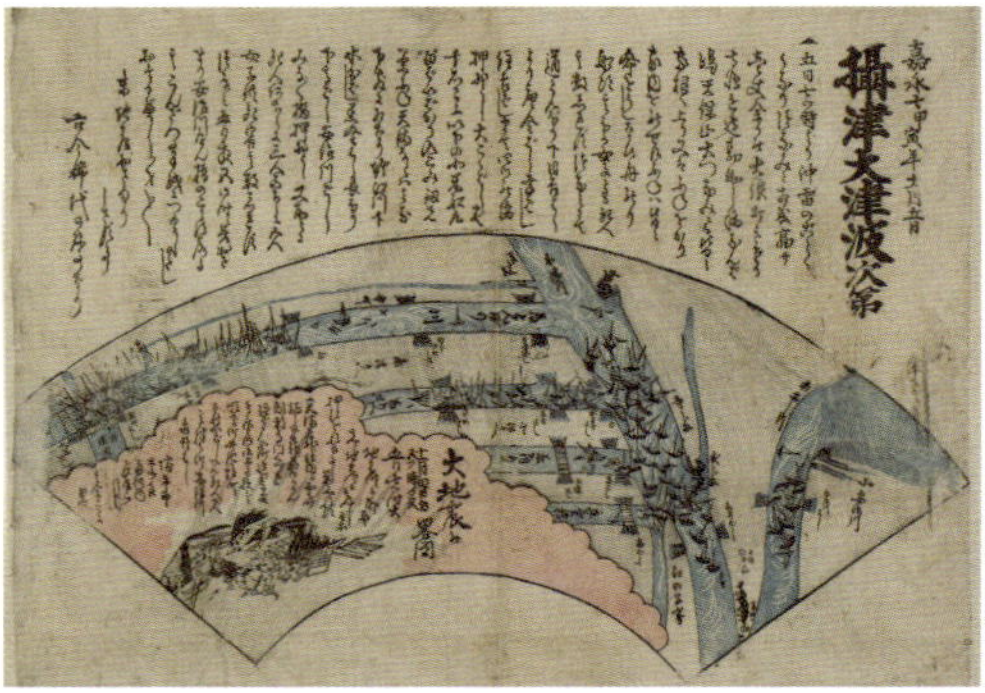

図33　安政南海地震での大坂の津波被害を報じるかわら版
（出典：東京大学総合図書館所蔵石本コレクション）

・1944（昭和19）年12月7日
——M＝7・9。昭和東南海地震。海溝型地震。被害は静岡、愛知、岐阜、三重に多く、滋賀、奈良、和歌山、大阪、兵庫にも小被害があったが、京都にはほとんど被害がなかった。

・1946（昭和21）年12月21日
——M＝8・0。昭和南海地震。これは1944年の南海トラフ連動地震。海溝型地震。被害は中部地方から九州にまで及んだ。紀伊半島では津波の被害が大きかった。しかし京都ではほとんど被害の報告はない。

・1952（昭和27）年7月18日
——M＝6・7。吉野地震。奈良春日大社の石灯籠1600のうち650が転倒した。

・1995（平成7）年1月17日
——M＝7・3。兵庫県南部地震。阪神淡路大震災。

１９９５年阪神淡路大震災までで、わかっているだけで８２７年から数えると20回の大きい地震が知られています。これを８２７年から１９９５年までで割ってみると約60年に１回の割合で起こっていることになります。『日本被害地震総覧』に記録されている地震は、特に１０００年くらいまでは近畿に起こった地震が多いのですが、実際に近畿に特に地震が多いわけではなく、都が京都にあったために近くの近畿の災害の状況は良く報告されているからでしょう。

ここまで挙げたものから抜けている大きな地震に１９２７年の郷村《ごうむら》断層や山田断層を生じた北丹後地震（M＝７・３）があります。大邑・加納の『京都の災害をめぐる』でもとりあげられていません。震源が都から遠く、被害が都には及んでいないために、カウントしませんでした。

京都の地震被害

能登半島地震で知られたように、大きな地震によって起こる被害には、地割れ、断層による地面の食い違い、斜面崩壊、液状化、火災、もし海に近ければ津波などがあります。地震のありさまは、小説ですが、吉村昭の『三陸海岸大津波』や『関東大震災』に詳しく描写されています。阪神淡路大震災に遭遇した神戸大学の地震学者は、震災の前日、東京大学地震研究所の会議に出かけた時に読んだ『関東大震災』の体験談に助けられたと言っていました。日頃から防災をテーマにしたテレビ特集などで知識を蓄え、自宅周辺の地形や避難場所を確認しておくことが大切です。京都や奈良は海から遠いので津波による被害はほとんどありません。大阪や福井、和歌山などでは大きな津波によって多くの人命が失われています。琵琶湖は地震の揺れで水が溢れ出たという可能性はありますが、津波に比べてその被害は小さいと思われます。

しかし、平安京では地割れや断層による地面の食い違いによって牛車《ぎっしゃ》での通行は厳しかったのではないかと考えられます。建物の倒壊は多数あったようで、火災などが発生すると厳しい状況に追い込まれます。地震は都の建物を一切合財《いっさいがっさい》壊してしまいますが、震災後には建て直しのために新しい建物が建築されています。木造建築のために倒壊や火災でなくなった材木は、近くの北山から補給されます。ここで斜面崩壊などが起こって交通が遮断されると流通にも支障をきたしたことでしょう。

京都から滋賀県を通って福井県に至る南北性の花折断層は横ずれ断層の一種ですが、１６６２年の寛文近江・若狭地震では、花折断層沿いに大きな斜面崩壊が起こって、京都と滋賀の県境の途中越《とちゅうご》えを越えたあたりにある町居《まちい》という集落で崖崩れを引き起こしています。ここは鯖街道と呼ばれる街道沿いで、福井県で採れた鯖を京都の出町柳へ運搬する重要な街道

図34　町居崩れの慰霊碑
（大津市葛川梅ノ木町）

でした。ここは現在でもがけ崩れを起こしています。修復してもすぐに崩壊する断層破砕帯に相当するようです。それでも断層は街道を作りやすいので、昔から大きな断層の跡は街道になっています。

　京都では大きな地震としては、上に挙げた１５９６年の慶長伏見地震があります。この時は伏見城の石垣が壊れたり、天守が倒れたりして、多くの侍女が亡くなったようです。豊臣秀吉はその前にも滋賀県の坂本城で地震にあって、おびえて伏見城にまで逃げてきたという話がありますが、この万全の伏見城が壊れたことで自然の恐ろしさを知ったことでしょう。城が重たい壁や瓦によって崩れてしまって、多くの逃げ遅れた人たちが圧死したようです。これは阪神・淡路大震災で土蔵やビルなどが重みに耐えかねて潰れてしまったのと同様だと考えられます。秀吉はいち早く庭へ飛び出したので助かったようです。

　地震の記録は『日本被害地震総覧』によれば、５９９年から始まっていますが、それまでに地震がなかったわけではありません。寒川旭は「地震考古学」（１９９２）という新しい分

図35　八幡市内里八丁遺跡の液状化跡
（出典：寒川旭 2001「遺跡で検出された地震痕跡による古地震研究の成果」『活断層・古地震研究報告』1 p300）

野を提唱しています。遺跡や古墳などに見られる液状化の跡などから、かつてここに地震があったということを認識したわけです（図35）。近畿には多くの断層があります。地震の折には断層ができますが、逆に断層があるということはそこに地震が起こったということを示しています。旧石器時代や縄文・弥生時代にもやはり地震は起こっていました。人類が発生する以前に起こった出来事は災害とは言いません。人類に害を及ぼすので「災害」という言葉が使われるのです。それにしても、ホモ・サピエンスの登場した20万年前や、類人猿や猿人がこの世に現れた700万年前からはおびただしい地震が起こっていますが、その履歴はまだよくわかっていません。これは他の災害でも同じです。

2-2 京都を襲った地震以外の災害

火山被害

近畿には活火山がありません。このことは東京（江戸）と比べる時に重要です。関東では富士や箱根あるいはもっと西から来た火山の噴出物である火山灰が厚く積もっています。「関東ローム層」と呼ばれる地層で、土壌としては黒ボクと言われているもので、練馬大根や三浦大根などの野菜を育てています。関東ロームは火山灰ではなくてレス（風成土）だという人もいますが、ロームには必ず箱根火山や富士山起源の火山灰（火山ガラスなど）も含まれています。なので関東ロームという土壌は火山灰と考えます。火山灰層の厚さは近畿と比べてけた違いに厚く、数ｍから数十ｍもあります。有名な火山噴火は富士山の平安時代の貞観《じょうがん》の噴火（８８６年）と、江戸時代の宝永《ほうえい》の噴火（１７０７年）で、宝永の噴火に関してはその記録が新井白石《あらいはくせき》の『折《おり》たく柴《しば》の記《き》』に詳しく書かれています。

それに比べて近畿では、火山灰は厚く積もってもせいぜい数㎝でしかないので、それほど

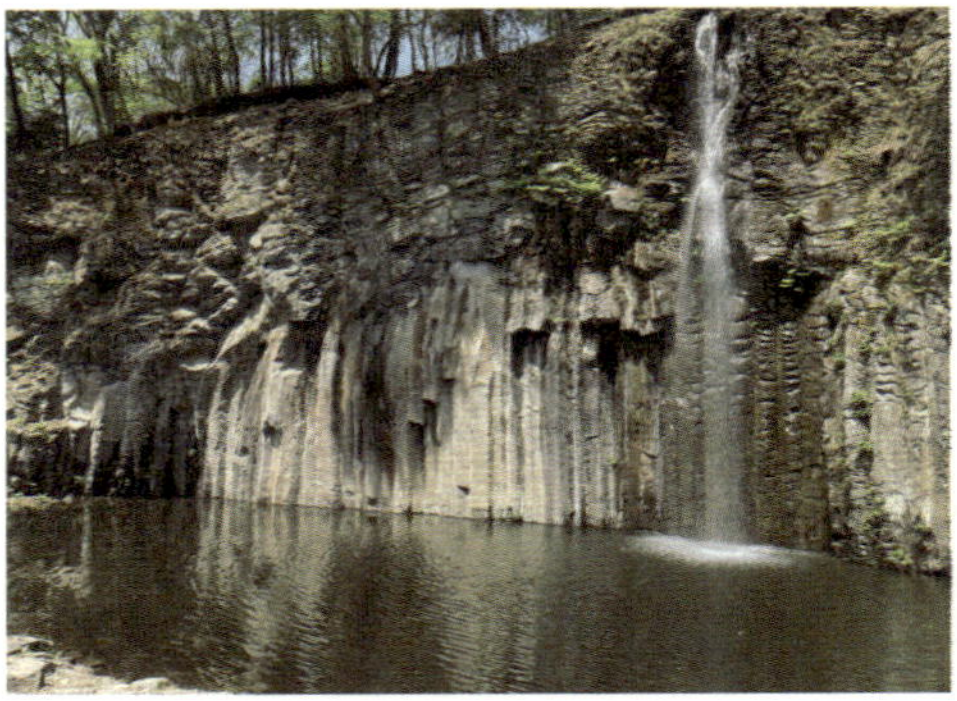

図36　福知山市夜久野の玄武岩柱状節理

大きな被害にはなりません。それは、京都近傍には活火山がないためです。南丹市園部《そのべ》町のるり渓には白亜紀の流紋岩があったり、大文字山などには約7000万年前白亜紀の花崗岩《かこうがん》の貫入《かんにゅう》があったりします。第四紀の30～40万年前頃に福知山市上夜久野《かみやくの》の田倉山《たくらやま》火山などの活動がありますが、これは溶岩の流出だけで火山灰はほとんどありません。大阪層群の中には数多くのテフラ（火山灰）がみつかっていて、これは西側の主に九州からの噴火の産物ですが、その厚さはせいぜい数cm～数十cmです。

　したがって京都や奈良では大きな火山被害はなかったのです。

台風・大風被害

　日本は毎年台風の影響を受けています。それは日本列島が台風の元になる熱帯低気圧の通路に位置するからです。台風は文永の役（1274年）や弘安の役（1281年）のように、鎌倉時代の北条時宗の時代に蒙古の船団が大破したという恩恵もありますが、都では大きなダメージであったようです。風台風では家屋が飛んでしまったりしますが、雨台風では後に述べる大洪水を引き起こします。鎌倉時代初めに書かれた鴨長明の『方丈記』にはしばしば平安末期の旋風の話が出てきます。また火災でも大風が吹いて町中が火の海になった例は多くは大風が吹いて火の手が風下へと転火するためです。

筆者（藤岡）が子供の頃にジェーン台風が近畿を襲ったことを覚えています（1950年）。祖父と父親が雨戸を釘で打ちつけて、夜は停電になり家族がうずくまって蝋燭《ろうそく》の火で夕食をしたことを覚えています。地震、洪水、火災は良く記録に残っていますが、台風の話は気象庁が開設されて以降のことしかわからないので、江戸時代以前のことはほとんどわかりません。

永祚《えいそ》元（989年）年には「永祚の風」が『扶桑略記《ふそうりゃっき》』や『愚管抄《ぐかんしょう》』に出ています。『扶桑略記』には「夜、天下に大風。皇居の門・高楼・寝殿・回廊及び諸々の役所、建物、塀、庶民の住宅、神社仏閣まで皆倒れて一件も建つもの無く、樹は抜け山は頽《くず》れる」とあります。

洪水や地滑り

京都にはしばしば洪水が起こっています。南北に河川が発達し、その勾配が急であるため

図37 1935（昭和10）年京都大水害 四条大橋東詰上手
（出典：『昭和十年六月二十九日 水害写真』京都府、1935年）

ですが、それは京都盆地の基盤が北に高く南に低いためです。河川は直接都に被害を及ぼす鴨川、白川、修学院の音羽川などがあります。鴨川の洪水の歴史については、平安京ができてからのことを災害気候学者の中嶋暢太郎《なかじまちょうたろう》（１９２３～２００８）がまとめています。それによると8世紀の終わり（平安時代）、15世紀の始まり（室町時代）、18世紀の終わり（江戸時代）が多いようです。明治以降では明治36（１９０３）年、昭和10（１９３５）年と昭和60（１９８５）年に発生したようです。昭和10年の洪水に関して中嶋は自分の体験を語っています。

平安時代に白河法皇が、「賀茂川の水、双六《すごろく》の賽《さい》の目、比叡山の山法師は自分の思い通りにならない」という言葉を残していますが、平安時代にはしばしば鴨川が氾濫して洪水を引き起こしていたのです。特に白河法皇の時代は洪水が多発しました。原因は、法皇が、鴨川東岸（京都市左京区の岡崎地区）に大伽藍《がらん》を誇った法勝寺《ほっしょうじ》（室町時代に廃絶）ほか白河南殿、白河北殿を造ったり、下流の鳥羽《とば》離宮《りきゅう》を造ったことにより、北山の森林が伐採されたことや、鴨川の河床《かしょう》が低下して流域が狭まったことなどが挙げられます。

平安京では左京と右京はどちらも洪水が多いようです。そのために貴族の館は次第に鴨川の西から東（鴨東）へと移動していきます。京都の地面は北から南へと下がっていきますが、同時に西へと傾いているためです。平安時代の鴨川の土手は、河角龍典《かわすみたつのり》（２００７）によれば左岸より右岸の方が低いようです。そのために氾濫が起こると鴨川の西方へと水は流れて行くのです。

現在の鴨川は昭和10年の洪水の後に大規模な整備を行っているため、右岸の方が高いようですが、これは豊臣秀吉が御土居《おどい》を作って洪水を鴨東に流すようにして、京都の中心部を守るために行ったことに始まると思われます。昭和10年の洪水を目撃した中嶋暢太郎は洪水が堀川へとあふれて行くのを危惧したと述べていますが、平安時代には鴨川が西に氾濫することが多く、そのために鴨東へ屋敷を移転させる公家が多かったのではないかと思われます。

既に2－1節で見てきたように、花折断層沿いに鯖《さば》街道ができて福井の鯖を京都へ運んだといわれていますが、１６６２年の寛文《かんぶん》近江・若狭地震では、滋賀県の町居《まちい》という集落で大きな山崩れが起こって、この道を使って鯖を運ぶことができなくなりました。地震、山崩れが流通機構を促したという点では恵みといえるでしょうが、山崩れは流通を妨害した災害です。またこの地震では六地蔵《ろくじぞう》や鞍馬《くらま》でも山崩れが起こったようです。

大阪と奈良の境界近くの大和川に面した亀の背は、巨大な岩のあることで有名ですが、4万年以前から地滑りの多発する場所として知られています。ここの地滑りは大阪から奈良への流通の妨げになりましたが、平安京への物資の流通には問題はなかったようです。

火災

平安時代には火災の記録がたくさんあります。地震に比べてあまりにも多いのです。これは、家屋が焼けてしまうと市民は時の為政者にそれを補償してもらうために必死で届けたために、記録がたくさん残っているためでしょうか。火災は自然災害ではなくて人災です。どこかの家で火の不始末があって、風の強い日などは次々に飛び火して町全体が焼けてしまうということがしばしば起こったようです。以下に挙げるのは主な火災です。応仁の乱の大火や元治《げんじ》の大火は戦争のためです。

•応仁の乱　1467(応仁元)年~1477(文明9)年

飯尾彦六左衛門尉常房の「汝や知る　都は野辺の　夕雲雀《ゆうひばり》　上がるを見ても　落つる涙は」という歌がありますが、これは応仁の乱の後に詠まれたものです。これは明らかな人災です。応仁の乱で一面焼け野が原になった所にひばりが飛んでいるのを見て涙を禁じ得なかった著者の心境です。都はほとんどすべてが焼け野が原になってしまったことに対する追悼のようです。

応仁の乱によって、寺社や公家の邸宅はもちろん、上京《かみぎょう》の町の大半が焼失しました。室町時代の戦記『応仁記』に、上に述べた歌や、「花洛は真に名に負ふ平安城なりしに、量《はか》らざりき応仁の兵乱に依て、今赤土と成りにけり」と乱後の町の荒廃ぶりを記しています。

京都近郊の寺社も深刻な被害を受けましたが、洛中における戦闘の中心は上京であり、まず火が放たれたのは、公家や武家の屋敷でした。乱勃発直後の町の様子は「二条より上、北山東西ことごとく焼野の原と成て、すこぶる残る所は将軍の御所計也《ごしょばかりなり》」（『応仁略記』）と記され、花の御所や内裏、仙洞《せんとう》御所は焼けず、戦乱中の生活基盤を支える商工業者の居住地区であった下京《しもぎょう》には、ほとんど火が放たれませんでした。

乱後の京都の景観は、上京に室町御所を中心とした東軍の「御構」、その西側対面に西軍の構、そして、一条通の空堀を隔てて、その南に下京の町が存続していました。この混乱の中で京の人々は、町の防衛を学び、自治組織の素地を作り上げていきました。

以下は京都の三大大火として知られているものです。時代順に見ていくと以下のようです。

図38　天明の大火の様子を描いた『花紅葉都噺』
（1788年刊、出典：国会図書館デジタルコレクション）

・宝永の大火　１７０８（宝永５）年

午下刻に油小路通三条上ルより出火、南西の風に煽られて被害が拡大し、禁裏御所・仙洞御所・女院御所・東宮御所が悉く炎上、九条家・鷹司家をはじめとする公家の邸宅、寺院・町屋など、西は油小路通・北は今出川通・東は河原町通・南は錦小路通に囲まれた上京を中心とした４１７ヶ町、１万３５１軒、佛光寺や下鴨神社などの諸寺社などを焼いた。火災後、「見渡せば京も田舎となりにけり芦の仮屋の春の夕暮」と書かれた落首が市中に貼られた。

・天明の大火　１７８８（天明８）年

京都で発生した史上最大規模の火災で、出火場所の名をとって団栗焼け、またこの年の干支から申年の大火とも呼ばれた。御所・二条城・京都所司代など焼失家屋３万６０００軒以上。洛中の戸数がおよそ４万であったので約90％が焼失。

・元治の大火　1864(元治元)年

禁門の変(蛤御門の変)に伴い発生した。手の施しようもなく見る間にどんどん焼け広がったさまから「どんどん焼け」の名が、また市街戦で鉄砲の音が鳴り響いたことから「鉄砲焼け」の名がついた。

長州藩邸(現在のホテルオークラ京都)付近と堺町御門付近から出火した。火の手は北東の風により延焼し、現在の京都御苑の西側から南東方向の広い範囲に広がり、約2万7000世帯を焼失した。物的被害は焼失町数811町(全町数1459)、焼失戸数2万7517軒(全戸数4万9414軒)(『甲子雑録』)、人的被害は負傷者744名、死者340名(『連城紀聞』)を記録したが二条城や幕府関係の施設に被害は見られなかった。

平安時代から鎌倉時代の火災に関しては立命館大学の片平博文による論文「12～13世紀における京都の大火災」(2007)に詳しいです。平安時代の安元3(1177)年の火災については、鴨長明が『方丈記』に書いています。**【コラム6「『方丈記』を読む」参照】**

コラム6

『方丈記』を読む

平安時代に都に住んでいた鴨長明（1155～1216）の『方丈記』を読んでみました。これは世の（平安時代の）無常を書いた本として有名ですが、平安時代に都で起こっていたさまざまな災害について書いています。長明は和歌所の寄人《よりうど》から出家して、後に京都東南の日野の山奥に「方丈庵」を建てて暮らしていました。『方丈記』は、彼が生きていた時代、平安時代の京都の災害史としても特筆すべきものがあります。

『方丈記』や『平家物語』の時代

鴨長明が、自分の前半生を振り返ってみて、それが恐るべき時代であったと『方丈記』を書き著わし、京都伏見の奥の日野に隠遁生活を送ったということは良く知られています。長明の方丈庵跡を、2020年コロナ禍でがらがらに空いていた京都に訪ね、その後『方丈記』を読んでみました。方丈庵は伏見の稲荷神社や伊藤若冲《じゃくちゅう》の墓のある石峰寺《せきほうじ》から更に奥にあって、車を置い

図39　方丈庵跡の碑
（京都市伏見区日野、写真：ogurisu_Q/PIXTA）

て山道を歩いて行きました。そこは丹波帯の巨岩（露頭）の上の平坦な場所で、そこに下鴨神社（河合神社）にある実物大の模型のような庵を建てて暮らしていたものと思われます*。近くに小川（沢）があって水には困らなかったし、少し登れば京都盆地が一望に見渡せるところです。

『方丈記』には大火と疫病、地震、遷都、飢饉《ききん》などで餓死者が多く大変な時代であったことが書かれています。ただ、地震に関する記述は1185年の文治《ぶんじ》地震（M≒7・4）だけで、それ以外には何も触れられていません。『理科年表』で彼の生きていた時代の地震を調べてみると、貞観《じょうがん》（859〜877）などに比べて極めて少ないように思いました（『理科年表』では3つで、1つは鎌倉で被害）。

2024年に亡くなった歴史学者の五百旗頭真《いおきべまこと》（1943〜2024）は日本列島の地震の活性期を4つの時期に区分しています。そのうちの最初に頻発する時期は貞観・仁和《にんな》期（863〜887年）で長明の生きていた時期からは外れています。それでも地震の被害は印象的であったようですが、むしろ長明にとっては火災や飢饉が印象的であったようです。

＊方丈庵の実物大模型は、2024年7月時点では、河合神社から、すぐ北の下鴨神社糺の森内に移設中。

『方丈記』に描かれた災害

『方丈記』には火災、つむじ風、飢饉、地震、遷都などさまざまな災害が書かれています。記述の順に見ていきます。

まず安元《あんげん》の大火です。これは安元3（1177）年4月28日のことで、都の東南から火が出て西北へ広がり朱雀門《すざくもん》、大極殿《だいごくでん》、大学寮、民部省などを焼き尽くしたとあります。出火場所は樋口富小路で、折からの強風にあおられて四方八方に飛び火したと語られています。

次は治承《じしょう》の竜巻（旋風）です。京都に旋風が起こっていたのは初耳ですが、治承4（1180）年4月頃に中御門京極附近で旋風が発生して六条大路のあたりまで通り抜けたとあります。建物はすべて破壊されて巻き上げられたと言います。塵やほこりを煙のように巻き上げるので視界がほとんどきかず、その轟音で話し声も聞けなかったようです。

長明は福原遷都も災害だと考えているようです。同じ年の6月に全く予想もしなかった遷都が行われたと書いています。平安京は公家たちが争って福原に移ったために荒廃を極めたと書いています。長明が福原の現地へ行って土地を見た感じでは、面積が小さく、東西南北の町筋の地割ができておらず、北は山に沿って屏風のように高く南は海に沿って低く、波音が騒々しく、潮風がやたらに強く吹き付けると言っています。平家嫌いの長明は福原遷都をかなりきつく書いています。

翌年から養和《ようわ》の飢饉（１１８１〜８２年）が起こります。春と夏に雨が降らず、秋と冬に台風・洪水に見舞われて穀物が全く実らない時が続いたと書いています。穀物が取れない田畑をあきらめて他国へ逃げて行く人が多かったと言います。やがて疫病が蔓延し、土塀の外に餓死者の死体が無数に放置されて、死臭が京の町に充満したと言います。道端より広い加茂の河原は絶好の死体捨て場であったので、無数の死体が山積みされていて、馬や牛車《ぎっしゃ》が通行できないほどであったと書かれています。死者の数を数えた結果２か月の間に４万２３００人であり、加茂の河原、西ノ京などの郊外地のすべてを加算すると膨大な数になると書いています。紀元１０００年の頃の平安京の人口は約17万人とドイツの新聞では書いていますが**【3-1節「資源と技術」参照】**、４万〜５万人というのは全人口の約３分の１近くに相当します。

１１８５年の大地震

唯一の地震被害の項目を見てみます。「また同じころ（元暦２（文治元年・１１８５）年７月９日）」に「大地震《おおない》」が起こりそのさまは、「世の常ならず、山は崩れて河を埋み、海は傾きて陸士を浸せり、土裂けて水湧き出でて巌割れて谷にまろび入る。なぎさ漕ぐ船は波にただよい…」とあります。特に京都の被害は大きかったようです。『日本被害地震総覧』によれば、被害地域は近江、山城、大和とあるので内陸地震ですね。そのため海の記述は本当かと疑います。他の記録では津波が起こったとは知られていません。しかし海とは琵琶湖のことと思われ、『日本被害地震総覧』によれば、実際に琵琶湖の水が北流して湖面が下がったが、すぐに元に戻ったとあります。この地震の後には余震が毎日20～30回ほど起こったと書いています。

長明はこれら災害の記憶も消えぬ間に、日野の山奥に隠遁生活を始めたのでした。

昭和46（1971）年に東京に移り住み、平成から令和と半世紀を東京に過ごした筆者（藤岡）は大きな地震を何度も経験してきましたが、長明が出会った元暦（文治）の地震のほうがもっと凄まじかったと推察されます。

それはともかく、平安時代の後半に起こったさまざまの災害を克明に表しているのは、後世の人々にとっては当時の世相を想像するのに大変役に立っています。

2-3 災害の恵み

被災後にもたらされる恵み

以上見てきたように、災害は人や建物に大きなダメージを与えるものですが、さまざまな面で恩恵を与えるものでもあります。大火や地震、大風で焼けたり倒壊したりした建物はすみやかに再建されましたが、そこには新しい視野で建て直されることもありました。財政的に建て直しができなかった西寺などもありますが、建て直された時には最新の建築様式や工法が取り入れられました。同時に、再建のために多くの材木の消費や人的な雇用の機会が増えたとも考えられます。

洪水は上流から土砂を運んできて、これが田畑に栄養を振りまきます。ちょうどエジプトに関してヘロドトスが「エジプトはナイルの賜物」と言ったように。そのために田畑を耕す百姓にとっては恵みであったのです。

総じてこれほど多くの災害が起こっているにもかかわらず、なぜ平安京は１０００年もつづいたのでしょうか？ 一つには京都が宗教都市だったことにあります。たとえば、応仁の乱で焼けて廃れた大徳寺が、一休禅師《いっきゅうぜんじ》による布教と勧進《かんじん》で伽藍を再建し、豪商や千利休などの寄進で山門（金毛閣）や方丈・仏殿などを再建し、大名の寄進で塔頭《たっちゅう》が設けられました。1571年に織田信長の焼き討ちで灰燼《かいじん》に帰した延暦寺も、秀吉の再建許可を得て、徳川家康や伊達政宗の協力で再建されました。また、浄土宗に帰依していた徳川家康によって知恩院が寺領を拡大しました。さらに、落雷で焼失した東寺の五重塔は1644年徳川家光の寄進で再建されました。このように、多くの寺社は被災のたびに、勧進聖《ひじり》の働きや幕府、大名、豪商、信者などの協力（資金援助）で再建されました。

1855年の安政の大地震以降、江戸では大量の鯰絵《なまずえ》が発行されました。庶民が地震の元凶である鯰を懲らしめる絵がある一方で、材木商人や大工、左官、遊女など、震災復興で潤った人々が、鯰を福をもたらす大明神として崇める絵もあります。京都でも同じように、水害や火災のたびに商人や職人が仕事を得たこととでしょう。同時に北山で働く杣人《そまびと》たちも潤ったことでしょう。実際、右京区黒田町で林業関係者に聞いたところ、木材を京都まで運んだ筏師《いかだし》は祇園で数日遊んでから村に帰ったそうです。

伊勢神宮を始め、さまざまな神社で式年遷宮が行われていますが、これは技術の継承でもあります。10代で下働きを経験し、30代で中堅として実務を担い、50代で棟梁《とうりょう》として経験を若手に継承しているというものです。もしそうだとすれば、京都の災害が伝統技術の継承に大きな役割を果たしたと考えられます。そして、さまざまな職種の職人が潤うことで、食品や日常品を商う商人や食料を提供する農民も潤うことで、都全体の復興も成し遂げられたと考えられます。

災害が生じると幕府や代官所に年貢減免の嘆願書が出されます。確かに、堤防決壊などで土砂が水田に流入して収穫できなかったり、田植えができなかったりしたことは事実です。しかし、数年後には復旧して洪水前よりも収量が増えることがあります。実際、2004年の台風23号で氾濫した兵庫県豊岡市円山川《まるやまがわ》流域の農家によれば、洪水の翌年はお米の収量が例年より1割以上増えたとのことです。洪水で運ばれた泥が水田の地力を高めたのです。こうした恵みがあるにもかかわらず、お上に対しては「まだ立ち直れない」と長年にわたって減免の嘆願書が出されます。これは現代にも当てはまります。1993年の北海道南西沖地震で津波被害に遭った奥尻島の町長が、津波被害の数年後に山形県鶴岡市での講演で以下のように語りました。津波の被害は甚大で再建には大きな費用がかかりました。一方、数年後には津波のおかげで磯焼けが消え、藻場が回復してアワビやサザエが増え、魚影も復旧した。しかし、それを言うと復興支援がうちきられるので、自分はしょっちゅう東京に行って、「まだ駄目だ、まだ駄目だ」と政治家と役人に訴え続けている、と。

歴史文書では、災害の被害が強調されることはあっても、被災後にもたらされる恵みについてはほとんど言及されないのです。

都が動かなかった理由

京都が都城として第50代の桓武天皇から始まって第122代の明治天皇の東京行幸まで70世代も続いていたのは事実です。平安時代の794年から明治初めの1867年まで1073年間続いた平安京。福原遷都は天皇の意思ではなかったし、南北朝では天皇は2人いましたが、70代の天皇は一度も遷都の宣言はしていません。江戸(東京)への移転にも遷都という言葉は使われていません。飛鳥時代や奈良時代には何度も遷都しているにもかかわらず。

遷都しない理由は京都が都としての立地条件に最もよく合致していて、他の地域には京都より良い条件がなかったことや、京都が宗教都市だったこと、京都の文化や資源に関係していると思われます。確かに災害は都人に大きな影響を与えました。しかし、豊富な資源をもとに独自の文化が栄えたのでこの地を動くことをためらった人たちがいたのではないでしょうか。第4章ではこのことを討論します。

第3章 京都の文化を支えた資源

3-1 資源と技術

紀元2000年を前に、ドイツの新聞ディ・ヴェルトが「紀元1000年の世界」という記事をだしました。それによると当時の平安京は人口約17万人で、世界第5位の都市でした。ちなみに、第1位はスペインにあった後ウマイヤ朝の首都コルドバで人口は約45万人、次いで中国の宋の都で当時東京開封府と言われていた開封で約40万人、第3位はビザンチン帝国(東ローマ帝国)の首都コンスタンチノープル(現イスタンブール)で約30万人、そして第4位はカンボジアのクメール朝の王都アンコールで約20万人とされています。

古墳時代に絹織物と金細工が中国から伝えられました。次の飛鳥時代には仏像と共に金箔《きんぱく》の技術が伝わりました。そうした技術に加えて、奈良時代に盛んになった寺院造営、仏像彫刻、大仏鋳造、作庭、雅楽演奏などの技術などを身につけた技術者集団が大挙して平安京に移住して来ました。平城京から来た職人たちは、御所や神社仏閣の造営、作庭、絹織物など

図40　上杉本洛中洛外図屏風（狩野永徳、室町～桃山時代、米沢市（上杉博物館）蔵）

に腕を振るいました。平安中期には貴族の邸宅に寝殿造りが取り入れられ、仏師定朝《じょうちょう》が寄せ木造りを完成し、定朝様式の仏像が一世を風靡《ふうび》しました。

京都盆地に金は産出しませんが、金屏風、仏像の箔押しや截金《きりがね》、日本画の金箔や金泥《きんでい》、漆器の金粉や金箔、仏壇の金箔、織物の金糸などに金は多く使われています。江戸時代には幕府によって金箔づくりは江戸と京都だけに許されていましたが、江戸後期に規制が緩んだ時（1808年）に加賀藩が京都から金箔づくりの職人を招き、職人が京都に戻る時に地元の職人を同行させて技術を学ばせたりして、加賀藩内で金箔づくりを始めました。今では国内の金箔の99％が金沢で製造されていますが、残りの1％は滋賀県で作られています。

祇園祭の鉾《ほこ》と山車《だし》は豪華な懸装品《けそうひん》で飾られています。見送りや前掛けのペルシャ絨毯《じゅうたん》や朝鮮段通《だんつう》が有名ですが、屋根回りには、破風《はふ》や垂木《たるき》間の広小舞《ひろこまい》の金物、虹梁《こうりょう》、化粧柱には素晴らしい鍍金《ときん》彫金《ちょうきん》や彫金が施されています。鍍金には水銀が使われていました。金を水銀で溶かしてアマルガムを作り、それを金属表面に塗ってから全体を熱して水銀を蒸発させて鍍金したのです。大正時代に電気鍍金が広く普及しましたが、アマルガム法のほうがより深い光沢があるということで、最近まで懸装品の制作や修理にはアマルガム法が用いられていました。その際、従業員を水銀中毒から守るために、鍍金工場の社長が直接作業して技術を継承していたそうです。

こうした水銀を用いた鍍金は、輸送によって資源制約を回避した好例です。しかし、1－1節「都とは」で述べたように、遠方からの資源輸送は金、銀、水銀、生糸《きいと》、鉄などの高価でかさばらないものにしか適用できません。その他の多くの資源はできるだけ近い所から入手する必要があります。その観点からすると、京都はさまざまな資源に恵まれています。

3－2　水資源

広大な集水域

まず京都は水に恵まれています。京都盆地から流出する淀川の年間流出量は約90億㎥であるのに対して、ほぼ同じ面積を有する奈良盆地を潤す大和川のそれは5・2億㎥しかありません。利用できる水量の違いが、平城京が短命だった理由と考えられます。実際、奈良では古墳時代から溜池《ためいけ》が盛んに造成されていました。水道が整備されるまでは、溜池数は全国5位でした。一方、京都には溜池らしい溜池はありません。これは両河川の集水域の面積の違いの反映です。宇治川・桂川を合わせた琵琶湖─淀川水系の流域面積は約8240㎢に達していますが、大和川流域はほぼ大和盆地に限られていて、その流域面積は約1070㎢に過ぎません（流域面積は両水系とも国土交通省発表値）。

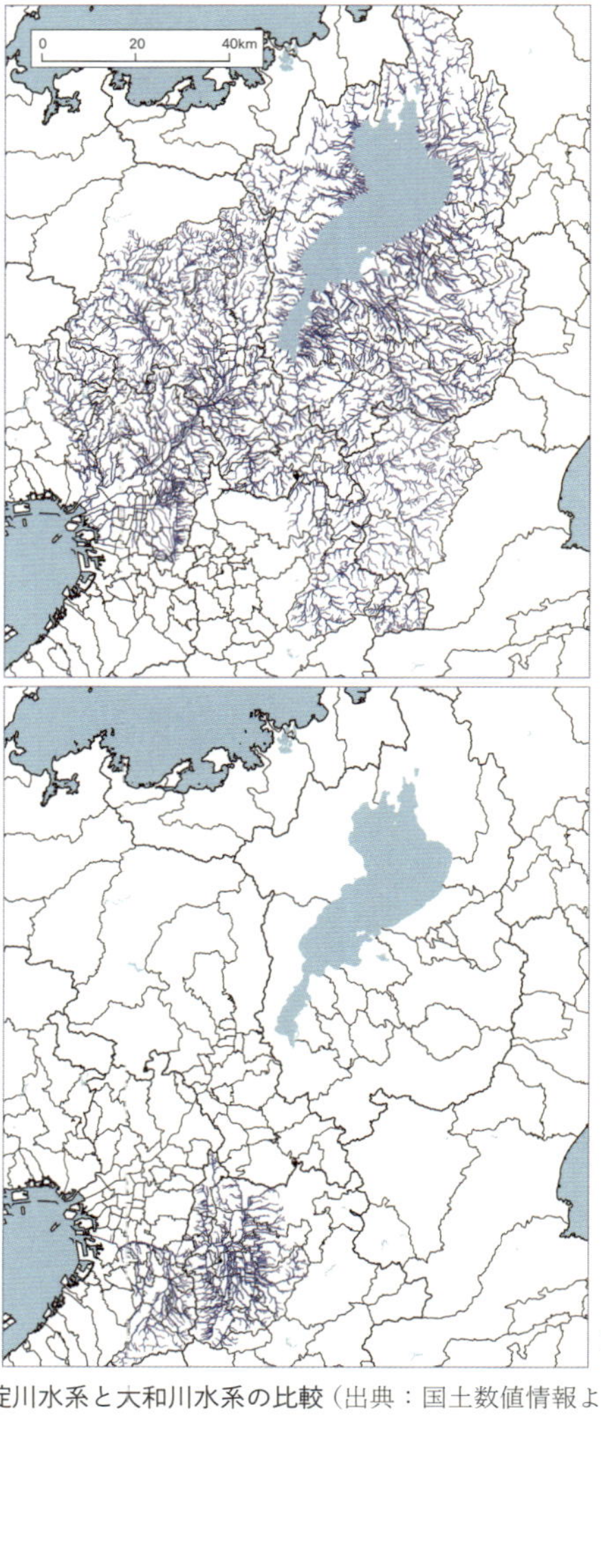

淀川水系

大和川水系

図41　淀川水系と大和川水系の比較（出典：国土数値情報より作成）

風化岩の役割

各河川の集水域に降る雨は、山林に蓄えられるのではなく、稜線《りょうせん》を覆う厚さ10〜20mの風化した岩石層の割れ目や隙間に蓄えられています（図42）。風化岩層の10〜30％は空隙《くうげき》で、そこから水が毎日地下に染み出して谷川に流れ出ているわけです。その量は年間雨量の1／3にも達しているので、少々日照りが続いても、京都盆地に注ぎ込む谷川の流れは絶えないのです。

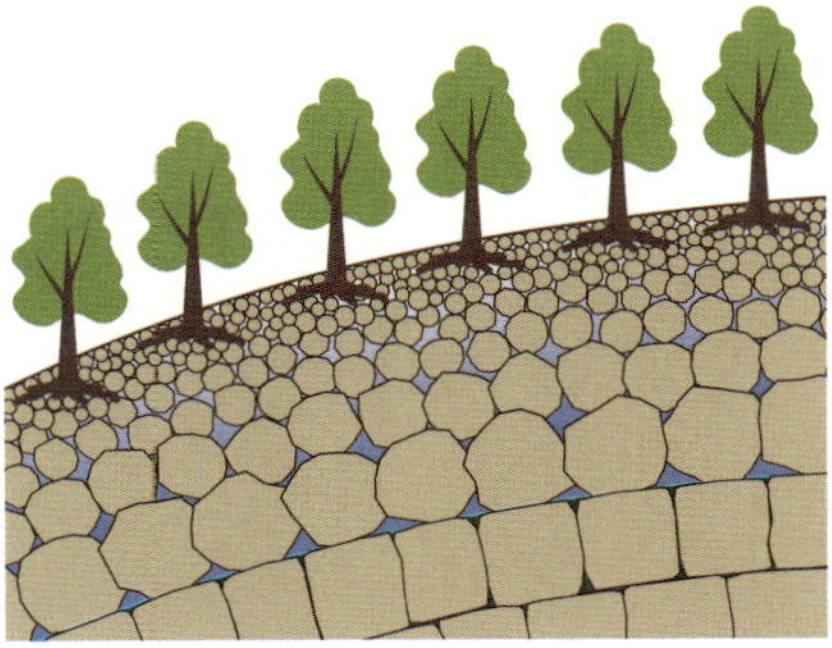

図42　山地が水を蓄える仕組み模式図

なお、山林は雨滴を受け止めることで、雨滴に直接打たれると流されやすい風化岩層を守っています。奈良時代の乱伐で草しか生えていない春日山（若草山）が崩れないのは、毎年冬の山焼きで春に生え変わる草が地面を覆っているからです。しかし、スギを植林しても枝打ちなどの手入れをしないと、林床の日当たりが悪くなり、下草が枯れます。すると雨滴が風化岩層を穿《うが》ち、浮いた砕屑物（岩石が風化によって細かく砕けてできた破片や粒子。砂礫《されき》・シルト・粘土など）は地表水の流れによって下流に運ばれ、地面は浸食されます。またスギは根が浅いので土を保持する力がありません。そうしたこともあって、スギの人工林は地すべりを起こしやすいのです。

奈良に藤原京や平城京が築かれ始めると、建築資材として木材が大量に使われるので奈良盆地内の森林資源はたちまち枯渇し、山地の浸食が進んで奈良盆地を流れる河川は頻繁に氾濫するようになりました。そこで木津川流域の裏山を「ヤマシロ」（山背）と定めて用材を切り出しました。これが後の「山城国」（京都府南部）の名の元になりました。この地域の地質は、風化して砂状になった花崗岩《かこうがん》（マサ土）です。マサ土は浸食されやすく大雨でしばしば土砂災害を起こすので、乱伐によって大量の砂が木津川に流出しました。なお、奈良時代に乱伐された琵琶湖東岸の田上山《たなかみやま》はマサ土でできているため今でも植生が復活せず、荒れ山になっています。

巨椋池の拡大

石清水八幡宮《いわしみずはちまんぐう》のある八幡《やわた》付近を流れる木津川の河原が白いのは、マサ土が主に石英《せきえい》や長石《ちょうせき》で構成されているからです。木津川が淀川と桂川に合流する八幡付近では流速が落ちるので、大量の土砂が堆積し、それが作った浅瀬が三川の出口を塞いだので、巨椋池《おぐらいけ》が拡大したわけです。

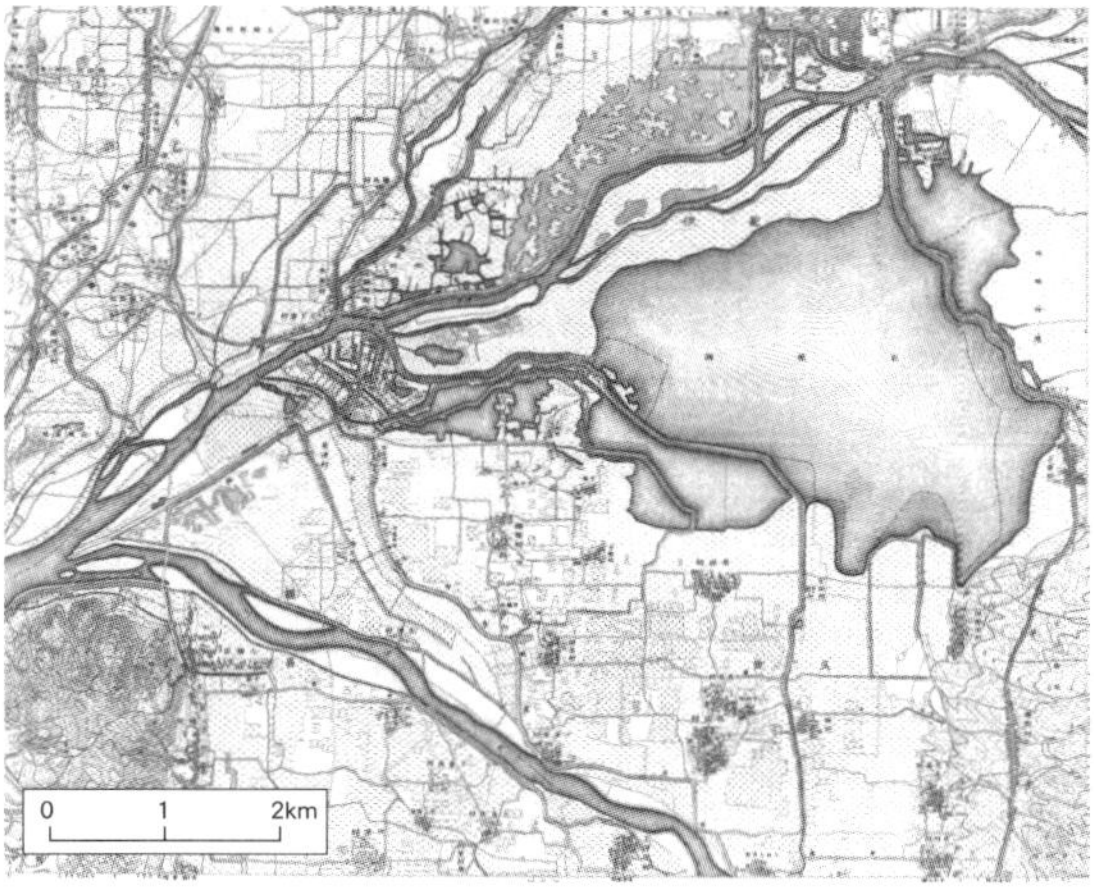

図43 明治23（1890）年測量の地図に載る巨椋池
（出典：大日本帝國陸地測量部作成2万分1仮製図「淀」）

実際、筆者（原田）が小学生の頃（１９５０年代）、八幡を流れる木津川には砂が堆積して河床《かしょう》が浅くなっていて、水泳場としてにぎわっていました。

巨椋池は、かつては大阪湾の海面が上昇して、海水が京都盆地に浸入して来た時の名残だと考えられていました。しかし、高速道路工事に際して、湖底から弥生遺跡や奈良時代の遺跡が発見されたことで、この説は否定されました。ただし、遺跡が出土したのは、巨椋池の全体からではなかったので、筆者たちはやはり最初は、大阪湾の海面上昇によって形成されたと考えています。当時の巨椋池は沼や低湿地として存在していたのでしょう。そうすると平安時代の巨椋池は日本で最古級の環境破壊の産物だったと言えるでしょう。

図44　梨木神社の井戸

名水を生む理由

京都は水質にも恵まれています。江戸時代には鴨川の水を詰めた樽を大阪まで流して、京の水として販売していたそうです。同様に地下水も質量ともに恵まれていて、錦天満宮や下鴨神社、梨木《なしのき》神社など、市街地のいたるところに名水が湧いています。平安京の造営に際して天皇用に作られた神泉苑は、当初は大きな池泉回遊式庭園でしたが、二条城が造営された時、湧水が二条城の堀に流され、また敷地を奪われたことで池は小さくなりました。また、天皇や貴族の邸宅として中国由来の寝殿造が建てられた時、豊富な河川水と地下水を利用して庭に池が作られ、中島も設けられ、舟遊びに使われました。寝殿造の実例は宇治の平等院で、西方浄土《さいほうじょうど》を思わす美しい庭は、浄土式庭園と呼ばれています。

地下水の多くは沖積層《ちゅうせきそう》で覆われた段丘の川跡や、沖積層の底面を流れる地下水ですが、修学院離宮《しゅうがくいんりきゅう》や、銀閣寺の庭園の湧水や、清水寺の音羽の滝の水は、地下深部の地下水が断層に沿って湧出したものです。

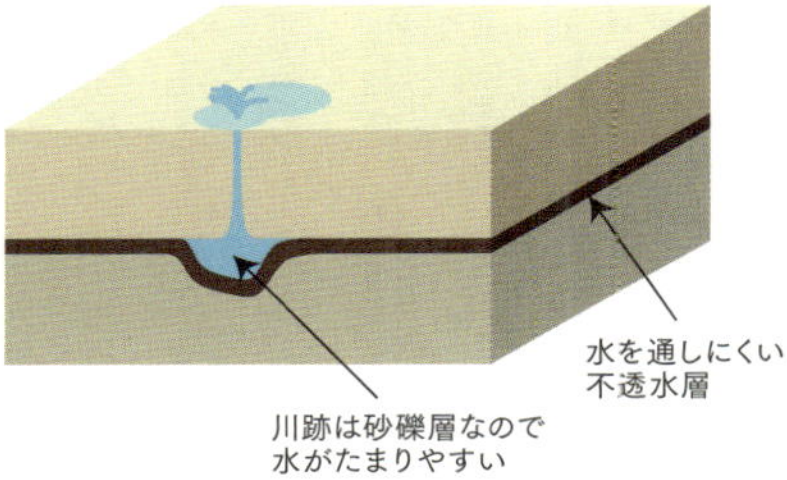

図45 段丘の川跡から湧く
地下水模式図

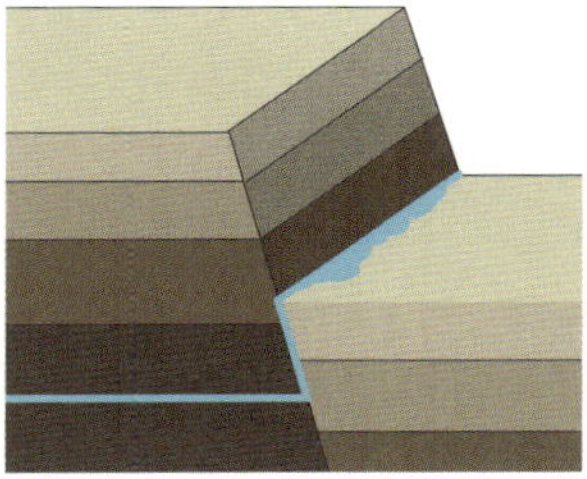

図46 断層に沿って湧出する
地下深部の水模式図

こうした地下水の多くは軟水です。軟水はカルシウムやマグネシウムの含有量が少ない水で、まろやかな口当たりとさっぱりとした風味が特徴です。そのため、良質の地下水を用いた豆腐や湯葉、生麩《なまふ》の製造が盛んで、お寺の精進料理に用いられていました。京都の豆腐が美味しいのは、軟水は大豆タンパク質を凝固させる力が弱いからです。また名水でお茶を点《た》てることが盛んになるに連れて和菓子が発達しましたが、これも名水の賜物です。小豆を洗ったり、餡《あん》を炊いたり、寒天を戻したりと、水を大量に使うからです。和菓子にとって、水は砂糖や米粉、小豆と同じように材料の一つなのです。

軟水は昆布のうま味をよく引き出します。昆布と鰹《かつお》で引いた出汁《だし》は、京野菜や川魚などの素材の味を引き出すので、京料理は塩味をあまり効かさなくてもおいしいのです。そして、薄味の京料理に合うような柔らかい味の酒や酢、味噌などの醸造業が発達しました。こうした醸造業にとっても水質は重要な要素です。なお酢は友禅染の色止め材としても使われていました。

伏見はその昔「伏水」とも書かれ、伏見七ツ井と呼ばれた井戸があったように、豊かな地下水に恵まれた所です。桃山丘陵から流れ出る伏見の水は、大阪層群の海成層の影響を受けているのか、中硬度の水です。カルシウム・リンなどが適度に含まれていて、酒の低温仕込みに適しています。口当たりが良くてまろやかで、料理の邪魔をしない伏見酒はこの良質の地下水によって育まれています。

京都の水が軟水である理由の一つは、淀川水系の流域にはカルシウムやマグネシウムを含む石灰岩が少ないことです。もう一つは、川の流速が速いのでこうした元素が水に溶け込む時間が少ないからです。また、流域に鉄分の多い岩石が少なく、沖積層にも鉄分がないことから、地下水も鉄とマンガンを含んでいません。そのため、地下水や川水で生地を洗っても変色することはないので、生糸《きいと》の精練や絹糸の染色、友禅染の糊《のり》の洗浄などに利用されてきました。筆者（原田）が高１（１９６０年代前半）の頃はまだ高野川《たかのがわ》で反物《たんもの》を洗っている姿が、出町大橋から見えたものです。三条付近の鴨川で見たという数年下の後輩もいます。現在ではもっぱら地下水が用いられています。

3−3 森林資源

三山の豊富な森林資源

京都盆地は森林資源も豊富です。三山に森が広がっているだけではなく、集水域となっている亀岡盆地や琵琶湖周辺にも森林が広範囲に広がっています。たとえば大堰川《おおいがわ》（上桂川）の上流にある左京区花脊《はなせ》は、花の都（京）を支える背が語源だと言われるように、付近の広河原《ひろがわら》や下流の右京区黒田、山国《やまぐに》とともに山国杣《やまぐにそま》として平安時代から朝廷が管轄し、室町時代後期には天皇家の直轄地である禁裏御料《きんりごりょう》とされるなど、平安京造営以来、都への用材の供給地でした。大堰川流域の豊富な森林資源のおかげで、京都は何度も震災や洪水、火災などに見舞われたものの、その都度、幕府や大名の寄進で御所や神社仏閣が再建され、町全体も復興することができました。

図47　伏条台杉（京都市右京区京北町片波、写真：hiroki okumura/PIXTA）

資源保全の工夫

しかも、杣人たちは単に森林を伐採するだけではなく森林資源の保全策を講じていました。たとえば黒田地区では建材用のスギを効率よく育てるために、室町時代中期に伏条台杉《ふくじょうだいすぎ》を育てる技術が工夫されました。伏条台杉とは、雪の多い日本海側に育つスギで一般的には芦生杉《あしうすぎ》と称されています。伏条台杉の名称は、スギのひこばえが雪の重みで地面まで垂れ下がって、そこに根付いて再び伸びあがるスギで、伏したような形状があるからだと言われています（図47）。これにより、1本の切り株から数十年後には同じ太さの杉丸太が数本同時に採れます。これを数回繰り返すと、土台部分は成長して高さが数m、周囲が十数mもの太さになります。この部分を縦に切ると畳1枚分ほどの板材が何枚も切り出せます。こうした工夫もあって、京都は森林資源の枯渇に苦しむことはありませんでした。

京都市北区の中川周辺では、茶室などに利用される高級木材の北山杉が室町時代から植林されています。当初は苗木不足を補うためと、太さの揃った垂木《たるき》を効率的に得るために、台杉仕立ての技術が用いられていました。台杉とは、日本を代表する造林樹種であるスギの仕立て方で、地際から2ｍ以上の高さの位置で多数の幹が株分かれし、直立した数本の幹がつくる特異な樹形を呈するものです。最近では一斉林方式による単木仕立てが多くなっていますが、台杉は庭木としても用いられています。北山杉が高級木材なのは、地味の痩せた斜面に植えられて成長が遅く、材質が緻密になるからです。ちなみに、休耕田にスギを植えると急速に成長するのですが、それだけに木質が柔らかく、材木にはならないそうです。

図48　大正期の大堰川の筏流し
（出典：京都府立京都学・歴彩館デジタルアーカイブ「黒川翠山撮影写真資料」）

適材適所に利用

こうした木材は筏《いかだ》にして大堰川（上桂川）を利用して桂まで運ばれました（図48）。そして堀川のあたりまで運んで貯木し、丸太を荷揚げしていました。丸太町通の名称は江戸時代につけられたもので、堀川付近にあった材木商の同業者町である丸太町に由来すると言われています。

先ほど紹介したように、長い伝統を持つ京都の絹織物ですが、平成の時代に昔の機織機《はたおりき》を復元した機織職人によると、機織機には十数種類の木材が使い分けられていたそうです。北山に生えていたさまざまな樹木の性質を見抜いて、適材適所に利用した結果でしょう。また、北山に産する樹齢200年以上の巨木で、形状・大きさ・材質等が優れたもので、挽き肌《ひ》（製材された材面）の鑑賞価値が高い、いわゆる銘木《めいぼく》は、床柱《とこばしら》や床板《とこいた》、鴨居《かもい》などの化粧材として、また最近では高級な家具や木工芸に利用されています。

3-4 生物資源

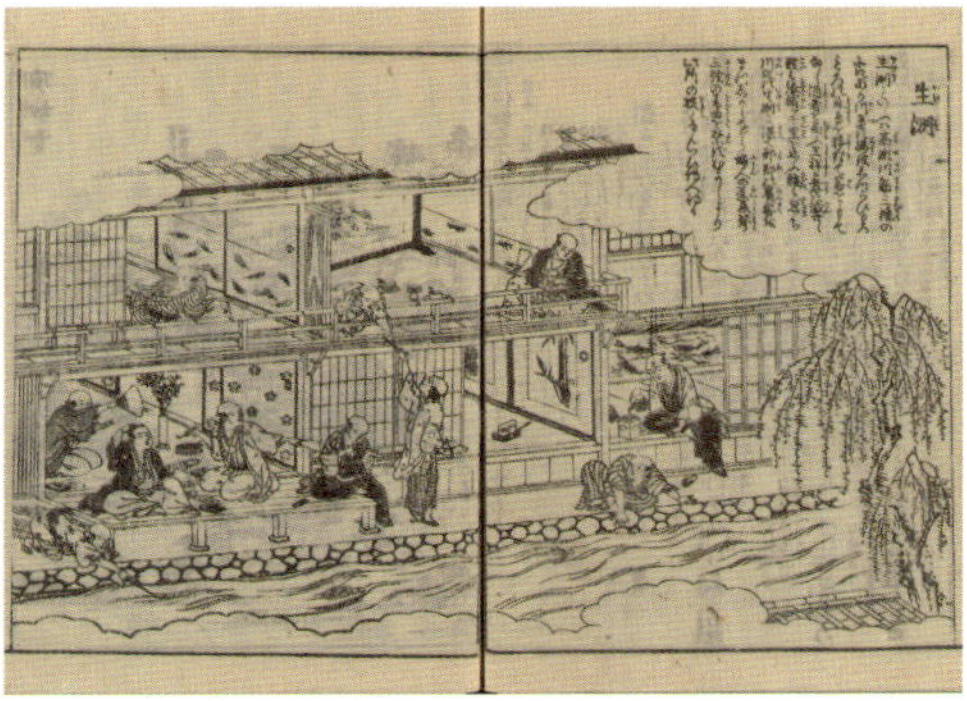

図49　高瀬川の生洲の様子
（『都名所図会』1780年刊、出典：国会図書館デジタルコレクション 1786年再版）

淡水魚の宝庫

京都盆地には大堰川《おおいがわ》、高野川《たかのがわ》、賀茂川、宇治川、木津川が流れ込んでいます。琵琶湖を含めて、水運に利用されましたが、同時に各水系は淡水魚の宝庫でした。上流では、はや、かじか、あゆ、あゆもどき、ますなどが、中・下流域にはこい、すずき、うなぎ、えび、ざっこなどが獲れました。今でも五条大橋の下で大きなこいを見かけることがあります。鴨川で釣った小魚を客に出す居酒屋もあります。

淡水魚に加えて巨椋池《おぐらいけ》ではじゅんさいとれんこ

んが、広沢池と大沢池ではじゅんさいが採れました。こうした水産資源を活かして、江戸時代後期には高瀬川沿いに生《い》け簀《す》料理屋が並んで繁盛していました(図49)。京都の老舗料亭は川魚料理から始まったところが多いそうです。実際、一昔前まで、錦市場にも伏見の大手筋商店街にも川魚専門店が何軒もありました。

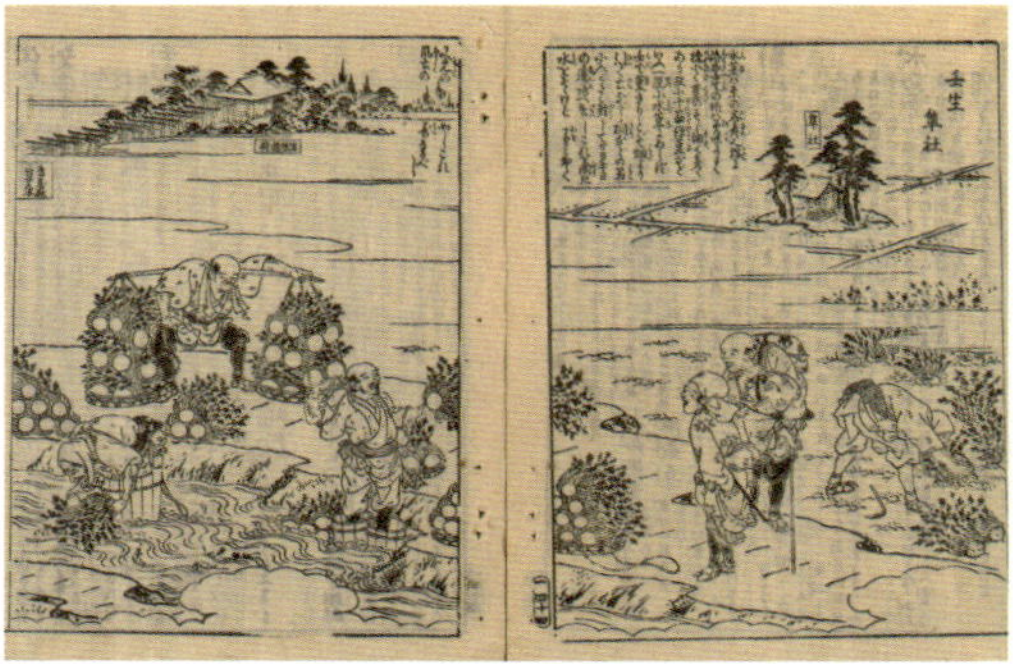

図50　壬生菜畑の様子
(『拾遺都名所図会』1787年刊、出典：国会図書館デジタルコレクション)

さまざまな京野菜

桂川、鴨川などの河川はたびたび氾濫しましたが、その都度、盆地に泥を運んでくるので、盆地内の土は肥えています。鴨川のハザードマップを見ると、浸水予測地区と京野菜の産地が一致しています。たとえば賀茂なす、すぐき、九条ねぎ、堀川ごぼう、淀だいこん、海老いもなどです。**【コラム7「京都のハザードマップから見えてくるもの」参照】**しかし、平坦地は水田よりは畑に利用され、だいこん、かぶ、みずな、すぐき、くわい、さといも、ごぼう、ねぎ、とうがらしなどさまざまな京野菜が栽培されていました。中でもみずな（みぶな）は、江戸時代に「京の名物、水、水菜、「豆腐」と謳われていたように、全国に知られていました。

また、漬け物は京料理の重要な構成要素です。さまざまな京野菜を漬けた京漬け物は、野菜の味わいと上品な味付けが特徴で、現在でも代表的な京土産になっています。

野菜以外にも、リンゴやブドウ、ウメ、カキ、ユズなどの果実も盛んに栽培されていました。京都市内からは少し離れますが、山城地域はカキの名産地で、渋ガキから採れる柿渋は紙や繊維製品の防腐、防虫、防水などに用いられてきました。このように京都盆地内では商品作物が優先されたので、主食となる米は近江（滋賀県）から調達していました。

マツタケ生育に適した土壌

今でも京のマツタケは全国的に有名です。松林が三山に広がった原因は、平安遷都以後、薪炭や用材用に森がたびたび伐採されたためです。西日本の極相植生《きょくそうしょくせい》はシイ、カシに代表される常緑広葉樹です。こうした樹種が皆伐されたり、洪水で土砂に覆われて裸地ができたりすると、乾燥に強いススキなどの草地から松林に、その後コナラ、クヌギなどの落葉広葉樹を経て数十年すれば、極相植生の常緑広葉樹に戻ります。しかし平安遷都以降、三山山麓は薪炭用や用材用などに繰り返し伐採されたので植生が松林から先に遷移できなかったのです（図

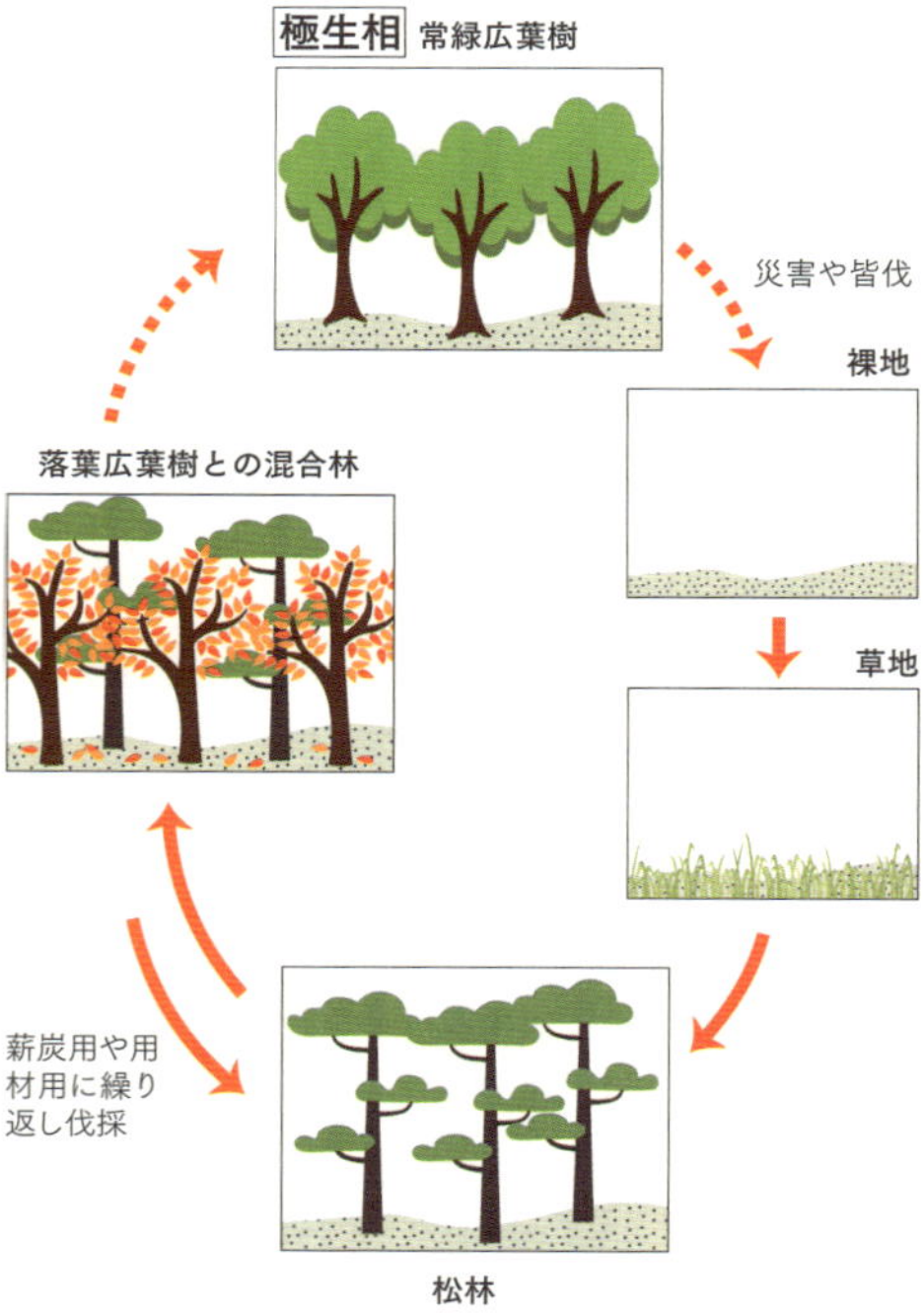

図51　京都の植生の変遷

51）。

応仁の乱の最中でもマツタケの季節になると両軍ともに戦いを休んで高雄、龍安寺《りょうあんじ》、稲荷山などでマツタケ狩りを楽しんだようです。長年の柴刈りや落ち葉の利用などで表土（風化岩層）の地味が痩せていたので、菌類（キノコ類）の繁殖が抑えられ、その中で競争力の弱いマツタケが生育しやすかったのです。そのため、戦後石油コンロやガスコンロが普及して柴刈りや下草刈りが行われなくなると、地面は枯葉で覆われて土が富栄養化したことで他のキノコ類が繁殖し、マツタケは消えました。最近では温暖化の影響もあって、マツタケの主産地は長野県の方まで北上しているそうです。

タケノコと大阪層群

現在ではタケノコは西山が主産地になっていますが、江戸時代から嵯峨、太秦《うずまさ》、西岡、醍醐《だいご》、山科《やましな》などに竹林が繁茂していました。乙訓《おとくに》丘陵と桃山丘陵に大阪層群が露出していたからです。断層によって盆地下部にあった大阪層群が隆起したためです。大阪層群は全体として砂礫層《されきそう》と粘土層が何枚も重なっています。砂礫層は網状河川（山地に近い河川の上流部に発達する、多くの浅い水路と砂州からなる河川）が運んできたもので、水平方向の粒度変化が激しく、均質な粘土層に比べて広域的に追跡することは困難です。粘土層には、海底にたまった海成《かいせい》粘土層と、川や湖にたまった淡水成粘土層があります。

海成粘土は青灰色で、乾燥すると貝殻状に小さく割れます。海水に由来する硫黄を含んでいるので酸性を呈します。温暖な間氷期に海水準が上昇して、大阪湾から海水が京都盆地の南半分まで侵入して内湾化した時の産物です。現在の地形では、海水面が50メートル上昇すると京都御所の真ん中まで海水がきて、海底に粘土層がたまることになります。

図52　竹林への土入れ
（出典：長岡京市Web「竹とたけのこ」内「たけのこの四季」の「11.土入れ」）

海成粘土は海水に由来する硫黄を含んでいて、これが竹の生育に適していると考えられています。西山の竹林では夏には下草刈りや追肥をし、秋には稲わらを敷きつめてその上にバイガラと呼ぶ、貝殻状に細かく割れた海成粘土をまきます（図52）。これを客土《きゃくど》と言います。江戸時代は海成粘土から硫黄を抽出して、木を薄く削ったへぎの先につけ、マッチのようにつかっていました。これを硫黄木と言います。

コラム7

京都のハザードマップから見えてくるもの

現在京都市民に配られているハザードマップには、洪水や地震の災害の折にどこへ逃げればいいのかが詳細に記されています。自然の環境は変化を続けるものですが、1000年前の平安京の地形や気候などの概略はあまり大きくは変わらないと思われます。そこで現在のハザードマップから平安時代の京都の災害の様子を考えてみたいと思います。

地震

地震に関しては、過去に京都に起こった大きな地震に近い亀岡や伏見あたりが危険であるとされています。また活断層がいくつか通っているために、これらの断層が再び活動すると、その周辺では大きな被害が想定されます。そのためにハザードマップが作られたのです。ハザードマップでは、たとえば花折断層が動いたとすれば、断層の周辺地域の揺れがどのくらいのものであるのかを判断しています。左京区では、区の中央部を通っている花折断層が地震で動いた場合の土

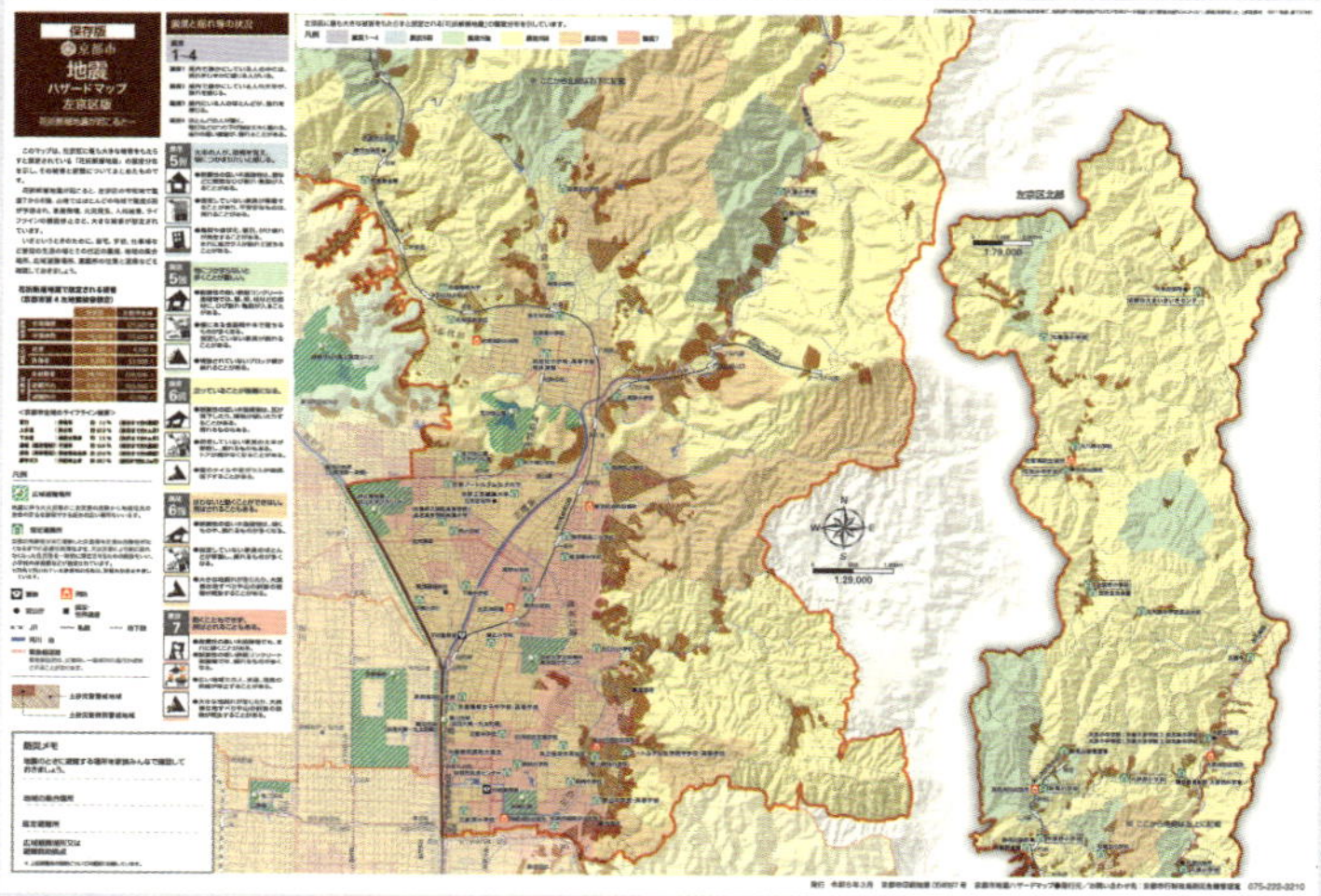

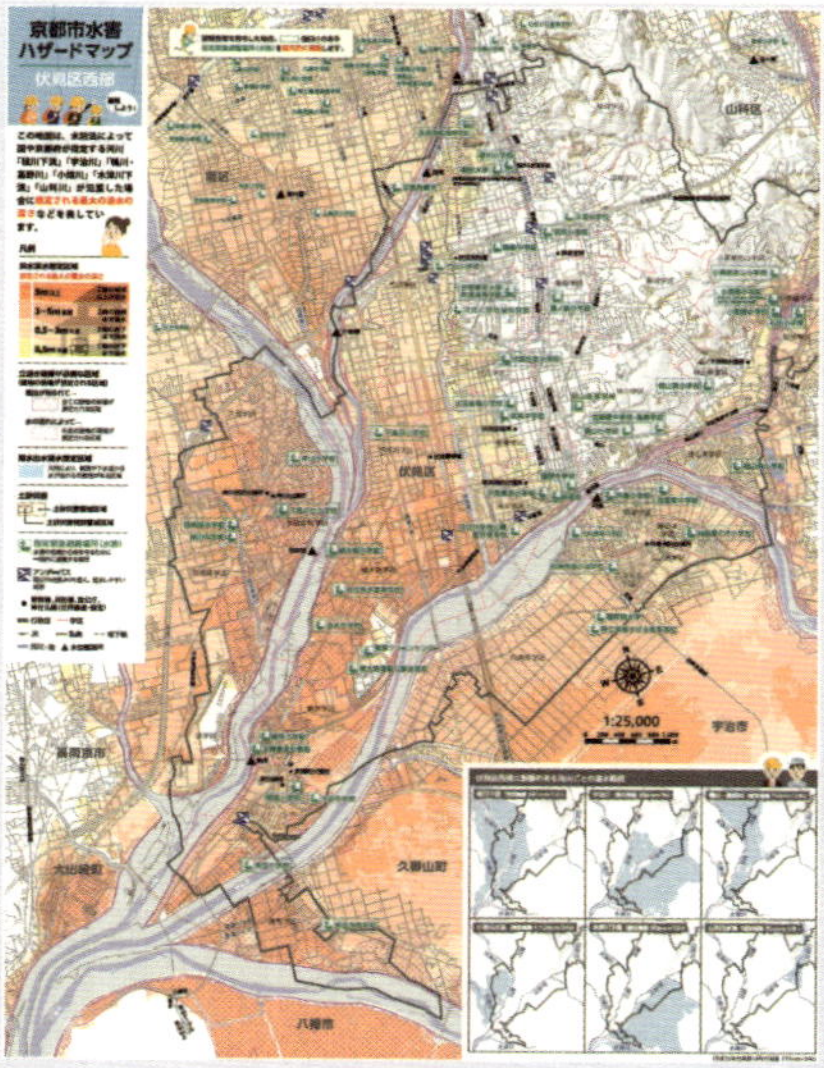

図 53-1
京都市地震ハザードマップ
左京区（2024年 3月発行版）

図 53-2
京都市水害ハザードマップ
伏見区西部（2021年 5月発行版）

地の震度の予想が書かれていますが（図53-1）、1万年より新しい完新世に堆積した平野、沖積《ちゅうせき》平野では軒並み震度7の予想が出ています。残念ながら、このマップには花折断層の位置が書き込まれてはいません。同様に、花折断層が動いた場合に被害が予想される地域は左京区、北区、南区、東山区、伏見区、下京区、中京区、上京区に及んでいます。それに対して、右京区や西京区では樫原《かたぎはら》～水尾《みずお》断層が動いた場合を仮定しています。右京区京北版では殿田《とのだ》～神吉《かみよし》～越畑《こしはた》断層を、山科区では桃山～鹿ケ谷《ししがたに》断層を仮定しています。

総じてこれらの活断層が動いた場合には沖積層の厚い河川沿いは軒並み震度6弱以上の揺れが生じ、その周辺には土砂崩れが起こると予想されています。これは当たり前のことですが、沖積層はそれがたまってからまだ1万年ほどしか時間が経っていないので、堆積物は未固結で、地震が起こると液状化を起こしたり家屋が倒壊したりする危険が高まるからです。断層の位置が書き込まれていないのは、書き込むことによってその周辺の土地の値段が変わってくるからでしょうか？　それにしても、大変なところに都を作ったものだと思います。

これらの断層は、人が京都に住むようになった縄文時代以前から何度も地震を起こしていたものです。当然平安時代にもその影響は大きかったと思われます。

平安時代でも現在とそれほど変わらない地盤の状況だったとすれば、盆地全体で平屋の家屋でも倒壊する可能性があります。また地震が横揺れの長周期地震なのか、縦揺れの直下型なのかによっても、家屋の損害は大きくかわります。五重塔や高い建物は長周期地震で、そして石垣などはどちらの地震でも大きく崩れたものと思われます。しかし、庶民の家屋は縄文以来の茅葺の掘っ立て小屋だったので、火災さえなければ、家屋倒壊などの被害はそれほど大きくなかったものと思われます。

洪水

洪水は、やはり河川の下流域が危険なエリアとして挙げられています。京都市には鴨川、高野《たかの》川《がわ》、桂川、天神川、紙屋川《かみやがわ》などの河川があり、その河川沿いの地域は3m~5mという氾濫原が想定されていますが、北区など山沿いの地域では、ほとんど洪水は考えられていません。左京区の賀茂川と高野川の合流する地点、出町柳《でまちやなぎ》周辺では大きな洪水が想定されています。最悪なのは南区や伏見区です。南区は鴨川と桂川の合流地点に近く、伏見区では木津川、宇治川、桂川の三川が合流するために、大きな洪水が広域に想定されています(図53-2)。ここは5m以上の洪水が想定されている唯一の場所です。京都盆地の地形が北から南に急傾斜しているためで、しかも大山崎《おおやまざき》あたりで河川が狭隘《きょうあい》な地域に集まっているためです。平安時代の頃には木津川は現在より北で桂川に合流していたので、もう少し北がひどい地域であったろうと想像されます。すでに述べたように長岡京が放棄された大きな理由の一つに水害がありますが、それはこの地形のためです。

２００３年の鴨川のハザードマップを見ると（現在のハザードマップではだいぶ市街中心部にも浸水想定域が広がっていますが）、鴨川水系の洪水常襲地帯は京野菜の産地であることが読み取れます。エジプトはナイル川の氾濫、堆積でできたので「エジプトはナイルの賜物」と言ったというヘロドトスの言葉が思い出されます。

土砂災害

地滑りは地震や大雨によって誘発されるものです。河川の両側の自然堤防、あるいは人工的な堤防付近では地滑りが想定されています。また丘陵（残丘）や京都を囲む丹波帯からなる北山、東山や西山などの裾野が危険であるとされています。京都は全体が準平原（長い地質時代の間の浸食によって平坦化して平原に近い状態になったもの）で長い間の風化によって地層が脆《もろ》くなっているために、地震の揺れや大雨で斜面崩壊や地滑りが起こりやすくなっています。

3-5　陶土資源

陶土に適した淡水性粘土

気候が寒冷化して海水準が低化した時に、河川や湖でたまった淡水成粘土は緑がかった灰色で、乾燥すると塊状に割れます。淡水成粘土のなかでも、特に深草《ふかくさ》周辺の粘土は陶土に適していて、深草粘土と呼ばれています。粘土鉱物のカオリナイトと微細な石英《せきえい》、長石《ちょうせき》粒子の割合が高いからでしょう。

図54　深草谷口町の地層の剥ぎ取り標本
（京都市青少年科学センター）

古代から土器が焼かれていて、そこから清水焼《きよみずやき》が発展しました。伏見城造営のために諸国から集まった職人が、深草粘土で瓦を焼いたことから、深草は高級瓦の産地になりました。現在では愛知県の三州瓦、島根県の石州瓦、兵庫県の淡路瓦は日本三大瓦と言われ、三地域の生産シェアは80％以上になっていますが、深草では現在でも京瓦や鬼瓦、鍾馗《しょうき》像が焼かれています。ただし、粘土は他所から運んでいるそうです。また、伏見城造営に携わった瓦職人が余技で作った土人形が伏見人形で、日本最古の土人形と言われています。

なお深草粘土と同時期にたまった砂礫《されき》は深草砂利と呼ばれ、石灰と灰汁《あく》を混ぜた三和土《たたき》は、土間や犬走《いぬばしり》に使われています。

さまざまな色を持つ丹波帯の風化産物

丹波帯の岩石の風化産物（砕屑物）もさまざまに利用されています。平安京造営にあたって、左京区岩倉と北区西加茂に瓦窯が築かれて、大極殿《だいごくでん》や豊楽殿《ぶらくでん》、朝堂院などの屋根を葺《ふ》く瓦と緑釉《りょくゆう》瓦が大量生産されました。胎土（土器や陶磁器の原材料として使用される土）は丹波帯の岩石が風化して生じた粘土です。緑釉瓦は、瓦に酸化鉛の釉薬を塗り、発色剤として銅や鉄の酸化物を加えて、７５０度前後の低温で焼いたものです。釉薬に使う鉛は丹波帯に存在する鉱山から採取されたものでしょう。たとえば、南丹市園部町船岡鉱山は、海洋底塩基性火山活動に伴う海底火山噴気鉱床が丹波帯に付加したもので、銅、鉛、亜鉛などを産します。また、福知山市夜久野町と同市旧金谷村には亜鉛・鉛鉱山がいくつも存在しています。

日本建築で目に付くところは「一壁、二障子、三柱、四に畳で五天井」で、土壁の最高の仕上げは「聚楽土《じゅらくつち》の水捏《こ》ね仕上げ」と言われています。聚楽土は、安土桃山時代から江戸時代にかけて数寄屋《すきや》建築に好んで使われた薄い茶褐色の上塗り土です。豊臣秀吉が築いた聚楽《じゅらく》第《だい》の跡地付近で採れることからこの名で呼ばれています。紙屋川《かみやがわ》上流にある丹波帯の頁岩《けつがん》が強く風化して土砂状になったものが洪水で流されて、粗い粒子が適度に取り除かれて、粘土が選択的に堆積したものです。聚楽第を中心に西陣一帯にある平安時代から室町時代の遺跡を十数cm〜数十cmの厚さで覆っています。現在はマンション建設に先だって採取するしかなく、貴重品扱いされています。

同様に、丹波帯の頁岩の風化物を起源とする勧修寺聚楽土、稲荷山黄土、大亀谷《おおかめだに》黄土、洛西黄土、宇治紫土、九条土、鷹峯錆《たかがみねさび》土《つち》など、さまざまな色を持った土が壁土として利用されています。京都は土の都とも言えるでしょう。一方、江戸は関東ローム層で覆われていてよい土が取れないので、漆喰《しっくい》仕上げが発展しました。たとえば、伊豆の長八こと入江長八は、江戸末期から明治にかけて江戸で活躍した漆喰仕上げの名人です。

頁岩が強く風化してできた黄土は顔料や釉薬《ゆうやく》に、赭土《しゃど》は弁柄《べんがら》の原料に利用されています。山科砥《とこ》の粉で代表される砥の粉は、粘板岩《ねんばんがん》が風化してできた黄土を焼いてすりつぶして粉末にしたものです。ドーラン化粧の下地や、木工では木材の目止めに使われます。また砥の粉を漆に混ぜて作る錆漆は、金継《きんつぎ》や漆塗りの下地固めに用いられます。そして錆漆を磨くために砥石が用いられます。

3-6 岩石・土砂資源

自然を凝縮した日本庭園

京都には、龍安寺《りょうあんじ》の枯山水や金閣寺、桂離宮《かつらりきゅう》の池泉回遊式庭園など、名庭園がたくさんあります。庭園は飛鳥時代に朝鮮・中国から伝わったものですが、奈良時代には後の日本庭園に繋がる、周辺の山河や植生の景色を取り込んだ庭園に変化してゆきました。日本庭園の一般的構成は、中島を持った池を中心にして、築山《つきやま》を築き自然石や草木、石灯篭《いしどうろう》や石塔などを配し、四季折々に鑑賞できる景色を造ることです。この築山は山を、石組《いわぐみ》は滝を、池は大海を模しており、身近な自然を凝縮して庭の中に表現したものと言えます。庭園の背後にある「布団着て寝たる姿や東山」と謳われた東山および東山に連なるたおやかな北山、西山の山並みは、借景として庭を引き立てました。もしも京都盆地以外の土地、たとえば甲府盆地や富山平野に都がおかれたら、日本庭園はもっと違う姿になっただろうと考えられます。

室町時代に禅宗の影響を受けて完成した枯山水庭園は、水を使わずに石と白砂で風景を表現する日本独特の庭園形式です。龍安寺の石庭に代表されるように、白砂（敷砂）の上に大小の自然石を立てたり組み合わせたりすることで、深山や渓谷、たおやかな大河、静まり返った海とそこに浮かぶ島々などを表現し、敷砂に砂紋を施して水の動きを表現しています。枯山水は、回遊式庭園や茶室に隣接した露地などの庭園と違って、方丈などの室内に座って鑑賞するように構成されています。深山幽谷の大自然に包まれて座禅を組んで悟りに至る禅僧のように、何も具体性のない景色から何か本質的なものを発見するといったところに枯山水の本質があります。

自然の巨石　加茂七石

庭で最も重要なポイントに使う石を景石《けいせき》と言い、京都では主に賀茂川の上流から採れる大きな転石（巨礫《きょれき》）が使用されます。丹波帯の岩石で風化に強いものが、河原に巨礫として転がっています。こうした転石で形のよいものが景石に利用され、加茂七石《かもなないし》と称して珍重されています（図55）。

加茂七石とは紫《むらさき》貴船石（紫色の緑色岩）、紅《べに》加茂石（赤鉄鉱を含む赤いチャート）、畚下《ふごおろし》石（緑灰色のチャート）、糸掛《いとかけ》石（砂岩や頁岩《けつがん》に石英脈《せきえいみゃく》が貫入したもの）、雲ヶ畑《くもがはた》石（チャートや赤色の緑色岩）、鞍馬《くらま》石（花崗岩《かこうがん》類のトーナル岩）、八瀬真黒《やせまぐろ》石（多孔質の玄武岩や泥質ホルンフェルス）です。糸掛

図 55
加茂七石（元離宮二条城清流園）
左から畚下石、紫貴船石、紅加茂石

糸掛石

左から雲ヶ畑石、鞍馬石

左から鞍馬石、八瀬真黒石

石は砂岩に石英脈がはいったもので、砂岩が風化して浮き上がった石英脈が、砂岩に巻き付いた糸のように見えることから名づけられました。これらの七石は、二条城の清流園と七条大和大路角（京都国立博物館）にある石庭で見ることができます。なお畚下石は基本的には火打石《ひうちいし》として使われますが、畚下石の周辺に産する赤色チャートや灰色の石灰岩が庭石として使われることがあるそうです。

これらの岩石は鴨川水系に産出しますが、丹波帯の付加複合岩類や丹波帯に貫入した火成岩です。なお鞍馬石は風化すると表面が鉄さびで覆われるので、その景色が茶人に好まれて、自然石のまま露地（茶室の庭）の飛び石や沓脱石《くつぬぎいし》に使われています。また、自然の風合いを生かして、露地の灯篭や蹲踞《つくばい》、水鉢などの石材に使われたりしています。岩石がトーナル岩でカリ長石《ちょうせき》を含まないので、長石がボロボロにならず、内部が新鮮で風化していないのが特徴です。京都の料亭では、店の格を示すかのように大きな鞍馬石の沓脱石が玄関に置かれています。

室町時代に中国から、石がしめす天然の造形を鑑賞する水石《すいせき》（盆石）がもたらされ、足利将軍や貴族に受け入れられ、賀茂川上流などで採取される加茂七石の人頭大サイズの礫が、水石として珍重されました。現在では水石は希少になり、ほとんどとることができません。ちなみに長次郎が千利休の指導の下で創案した楽焼《らくやき》の黒楽焼は、賀茂川の石を石臼で微粉末にしたものを釉薬《ゆうやく》の主原料にしているようです。

茶の湯で用いられる抹茶は、碾茶《てんちゃ》と呼ばれる茶葉を石磨《いしうす》で挽いて粉にしたものです。宇治市の天ヶ瀬《あまがせ》ダム周辺の花崗岩に貫入した安山岩質の岩脈は、緻密で硬く宇治石と呼ばれ、タンニンと結合する鉄分が少ないことから、かつては茶磨用の高級石材として利用されていました。

替えのきかない白さ　白川石・白川砂

龍安寺の枯山水や銀閣寺の庭に使われている白い敷砂は白川砂と言い、花崗岩（白川石）が風化してできた砂（マサ土）が、白川の流れで洗われて白くなったものです。庭に敷くと、庭石や樹木を浮き出させることから、平安時代初期から使われていたようです。川から採取された砂の少し黄色味がかった色合いが落ち着いた印象を与えます。また、水で流されて適度に角が取れていることから、砂粒同士の噛みあいがよく、盛砂《もりずな》（立砂《たてずな》）が崩れにくく、砂紋が消えにくいことから珍重されています。現在、白川砂の河床からの採取は禁止されています。白砂は他地域の風化した花崗岩を砕いて作ることはできますが、黒雲母が目立ちすぎたり、砂が白すぎたり、粒が角張りすぎたりして白川石の代替にはならないそうです。もし、遠い将来、白川砂がなくなれば、神社の境内や枯山水の景色も大きく変わることでしょう。

図56　銀閣寺　銀砂灘・向月台・銀閣

茶の湯の発達とともに確立した露地では、花崗岩（白川石）が灯篭や蹲踞などの石材に用いられています。花崗岩は地下深部で花崗岩質のマグマがゆっくり冷却して生じた岩石で、冷却時に岩体が収縮して方状に割れ目（節理）が発達します。このため、石材として切り出しやすく、鉱物粒子も粗くて加工しやすいので、石材としてよく利用されています。

白川石は、石垣や石橋、灯篭、蹲踞、水路、重石、石臼、地蔵像、墓石など多方面に用いられましたが、現在では白川石の採石場は掘りつくされてしまい、山からの新たな採取も禁じられているので、かつて白川沿いに並んでいた石屋さんもほとんど消えてしまいました。採石場や加工場から砂粒や破片が産出しなくなり、白川砂も供給源を失っています。１９５０年代に地元の小学生が課外学習で調べた内容をまとめた『北白川こども風土記』（１９５９年。当時小学生だった藤岡も執筆）に、北白川の石屋さんへ取材した文章が掲載されています。

奇跡の石　鳴滝石

京都三山（丹波帯）の恵みで忘れてはならないものに鳴滝石《なるたきいし》があります。鎌倉時代に鳴滝（右京区）で発見された世界最高級の合砥《あわせど》（仕上げ砥《と》）です。２億年以上昔、古太平洋の赤道付近にあった中央海嶺付近で海底火山が水中噴火して枕状溶岩《まくらじょうようがん》を噴出しました。やがて海底火山は成長して海面上に顔を出して火山島となり、海面上で噴出した玄武岩質の溶岩と火山灰が輝緑凝灰岩となりました。火山活動が終焉すると今のタヒチのように火山島を取り囲んで各種のサンゴ礁（裾礁《きょしょう》、堡礁《ほしょう》、環礁《かんしょう》）が発達し、生物起源の石灰質な堆積物が石化して石灰岩を形成しました。火山島から離れた深海底には、アジア大陸から偏西風に乗って飛んでくる微細な風塵（主に石英粒子）や宇宙塵（星間物質の一種で、宇宙空間に分布する１㎜以下の固体の粒子）が静かにたまりました。これが後に珪質《けいしつ》砥石頁岩になります。

図57　鳴滝石
（出典：産業総合研究所地質調査総合センター地質標本館Web）

プレート（海底）が西に移動する（アジア大陸に近づく）と、動物プランクトンの放散虫の珪質（シリカ）の殻が微細な粒子の層の上にたまりました。こうしてできた珪質堆積物がチャートです。チャートを０・０３㎜ほどの薄片に

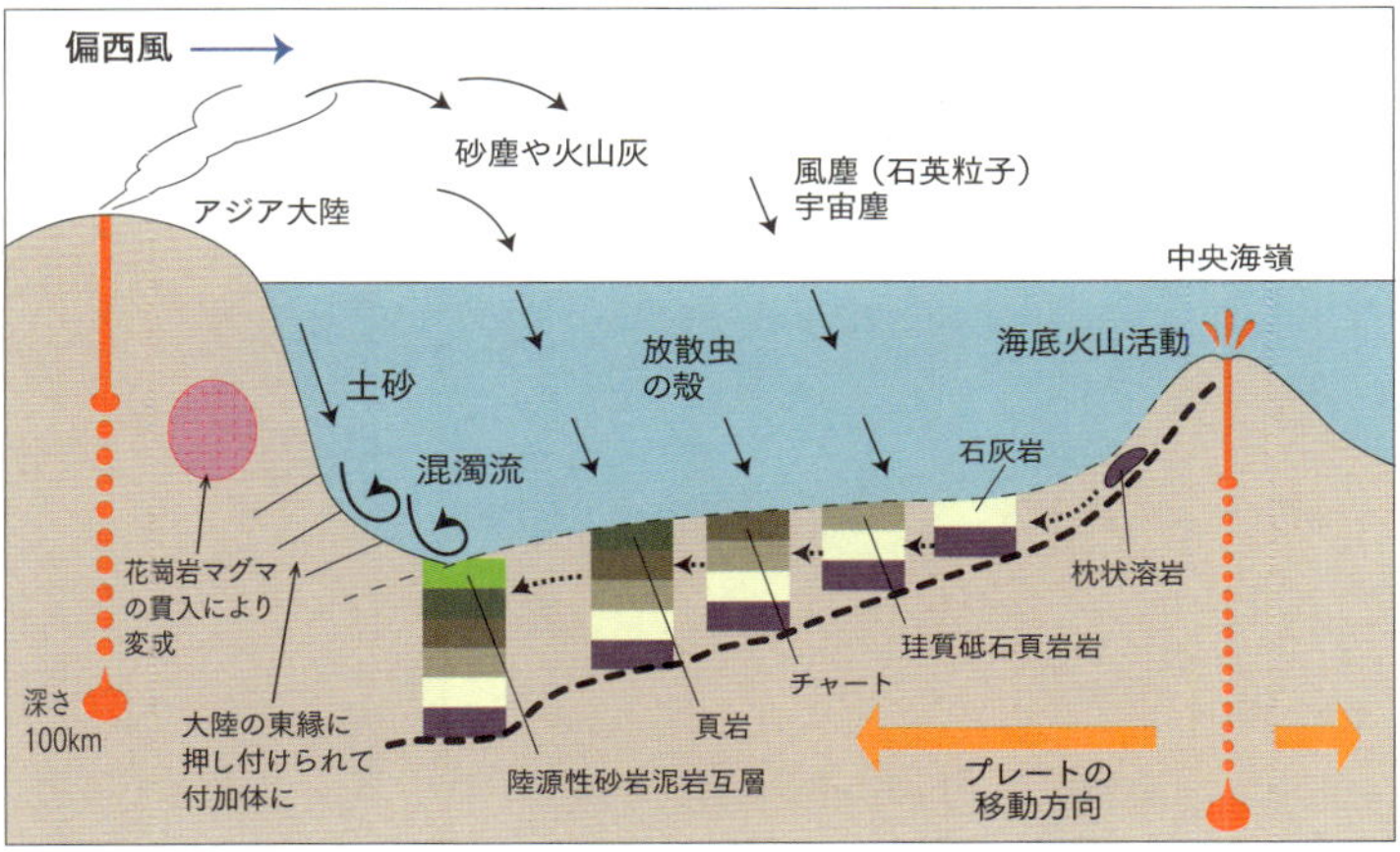

図58　鳴滝石ができるまで（出典：井本伸広 1996 p62をもとに作成）

して顕微鏡で見ると放散虫の遺骸が見えます。

海底がさらに西に移動すると、大陸から風や海流で運ばれてくる砂塵や火山灰などが珪質堆積物の上にたまり頁岩となりました。さらに西に移動すると海溝にまで移動します。そこには大陸起源の土砂が大量に流れ込んできて分厚い砂岩と頁岩の互層となって、深海底でたまった地層を覆います。そして、最終的にアジア大陸と衝突して、火山岩体と堆積層全体が付加体として大陸の東縁に押し付けられます。そうした付加体に花崗岩マグマが白亜紀後期に貫入して、珪質砥石頁岩中の炭素や硫黄がマグマの熱によってガス化して抜けました。熱変成した珪質砥石頁岩は、その後地上付近まで隆起して適度に風化されて微細な鉱物が粘土化して、硬い石英微粒子が粘土で固着した状態で残りました。

表2　平安京の生産を支えた京刃物

日本刀(室町時代最大の輸出品)
寺院造営・邸宅建築用ノミ、カンナ、チョウナ、槍ガンナ、大鋸
仏像・木彫刻用各種ノミ(丸、平)
漆工芸用塗師屋小刀、貝切包丁、切り出し、沈金刀
竹工芸用竹割鉈、竹屋小刀、切りだし小刀
家具・建具用ノミ、カンナ
風呂桶・樽桶用丸カンナ、銑
下駄用カンナ
ロクロ用切削刃物
料理包丁、昆布包丁
畳用包丁
紙工芸用刀、包丁、ハサミ
繊維用ハサミ

これが鳴滝石の原石です(図57、58)。

室町時代に最大の輸出品になっていた日本刀は、刀そのものの美しさと鋭い切れ味で有名ですが、出雲の玉鋼《たまはがね》を名工が鍛えた刀でも、研ぎ師が研がなければ、美しさも切れ味も出ません。実際、刀鍛冶が殿様に仕上げた刀を献上する時、殿様の横に立ったのは研ぎ師でした。「嫁は貸しても、砥石は貸すな」という大工の口伝があるそうです。切れ味に優れた刃物はいつの時代でも当代の名工と呼ばれる職人が作ることはできますが、切れ味を出す砥石は人の手では作れないからです。刃物を硬く美しく錆びにくくするこの奇跡と呼べる鳴滝石が、京刃物の切れ味を高めたことで、京都の建築や彫刻、木工や竹細工、和裁などの特産品と京料理が発達したのです(表2参照)。なお、砥石を切り出す時に出る粉は、打粉として刀剣の防錆用油の拭き取りに使われます。

残念ながら鳴滝石は既に掘りつくされて、砥石山は閉山されてしまいました。現在では亀岡で粘板岩からなる青砥(中砥)が1ヶ所でのみ採掘されています。青砥は京都府相楽郡和束町《わづかちょう》でも採掘されていましたが、現在稼行している鉱山はないようです。ちなみに、中央海嶺の東側にあった海底でも珪質砥石頁岩が堆積した可能性はありますが、東に移動したプレートは南アメリカ大陸の西岸で付加体をあまり形成しなかったので、南米大陸で鳴滝石のような岩石を探すことはできません。鳴滝石は鳴滝だけにしか産出しないので世界唯一と言えるのです。

顔料に使われた鉱石

日本画の顔料（岩絵の具）にはさまざまな鉱石が使われます。青系統の色には銅を含んだ藍《らん》銅鉱《どうこう》が、また緑系統の色には含銅鉱物の孔雀石が使われますが、粒子の細かさを変えることで濃い青から薄い青まで異なった色合いがだせます。こうした鉱物は銅鉱山や銀銅山などで採取できます。たとえば、『続日本紀《しょくにほんぎ》』に記述のある元慶5（881）年に採鉱と鋳造を中止した木津川市加茂町の岡田銅山跡で孔雀石が採取されています。また相楽郡和束町湯船の赤岩付近には中切銀銅山があったと地元に伝えられています。

また、先に述べた南丹市園部町船岡鉱山のような海底火山噴気鉱床の二次鉱物としても産出します。地表付近の「ヤケ」（赤茶色に変色した風化変質帯）の部分に褐鉄鉱、孔雀石、珪孔雀石、水亜鉛鉱、赤銅鉱、藍銅鉱、ブロシャン銅鉱、緑鉛鉱、異極鉱、水亜鉛土などの銅、鉛、亜鉛の二次鉱物が少量ずつですが産出するからです。顔料に使われる鉱石は少量で足りるので、鉱山として開発されなかったような小さな鉱床から拾い出された可能性もあります。

赤に使われた辰砂《しんしゃ》は奈良の水銀鉱山からもたらされたものでしょう。黒には黒曜石や電気石が使われましたが、相楽郡笠置町観音坂の観音坂鉱山は石墨と電気石の産地として知られています。白には方解石や水晶が使われました。白雲母はキラ引きに使われました。これらは丹波帯中に多数存在するマンガン鉱床の脈石鉱物として産出します。

釉薬に欠かせない長石は大津市南郷の井上長石鉱山から採取されています。田上山《たなかみやま》花崗岩が熱水変質した産物で、高級磁器の釉薬として使用されています。また石灰釉用の石灰岩は宇治市の志津川付近から採掘されていたようです。

3-7 先端産業都市　京都

京都が今でも高い文化水準を維持している理由の一つは、平安遷都に伴って、奈良時代の最先端の技術者集団が大挙して移住してきたことです。平安京は最初から先端産業の中心地として発足したのです。もう一つは四神相応《しじんそうおう》の地京都が持つ宗教的な雰囲気が職人に与えた影響です。天皇や貴族、寺社など上流階級からの注文を受けると、信心深い職人たちは三山に住まう神仏に対して恥ずかしくない作品を仕上げようと精進し、腕を磨きました。この職人魂は今でも健在です。さらに挙げるならば、さまざまな分野における目利きの存在です。平安遷都直後から、日常的に質の高い工芸品や歌舞音曲《かぶおんぎょく》、料理などに接した都人は美的感覚や味覚を磨き、常に職人、芸人、料理人などの腕前を評価して改善点を指摘することで、育てていたのです。

新たに都となった京都には、留学僧や渤海《ぼっかい》使節団、貿易商人などを通じて、国内外からさ

表3　京の特産品

京焼	御所人形	京人形	京瓦	伏見人形
京漆器(蒔絵)	棗	京象嵌	京印章	
京扇子	京丸うちわ	京提灯	京和傘	
京銘竹	京すだれ	京弓	竹工芸・竹籠	
京無地染	京黒紋付染	京印染	京鹿の子絞り	
京友禅	西陣織	京繍	房・よりひも	
京真田紐	京組紐	調べ緒	京足袋	
京唐紙	手摺りカルタ	和本	花かんざし	
京仏壇	京念珠	能面	轆轤細工・木工品	
京仏具	神鏡七宝			
京刃物	京縫針			
京石工芸品				

まざまな文物が集まってきました。それらに刺激を受けた職人などが既存の製品の品質をあげたり、新製品を作ったりしようとすると、新たな資源が必要になります。幸い京都周辺にはさまざまな資源――水、食糧、森林、岩石・鉱物などが存在していました。また水運の便が良く、遠隔地の鉄、銅などを舟運で入手することができました。こうした資源を活用して、陶芸や絵画、木工芸や作庭技術、石工芸などが発達しました。さらに、鎌倉時代に鳴滝石《なるたきいし》が発見されると、京刃物の切れ味は格段に改善され、刃物を用いる建築、彫刻、木工、竹細工、縫製、料理などが発展しました。

こうした手工芸品の生産システムは分業制で支えられていたので、福原や吉野に遷都されても、また鎌倉と江戸に幕府が開かれても、生産体制そのものが移転することはなく京都は先端産業都市であり続けました。言い換えれば、明治維新まで京都は文化的発信基地だったのです。

京都の物づくりの伝統は今も健在で、皇室の日常を支える物品を始め、高級な伝統工芸品の主産地となっています。また、島津製作所や京セラ、任天堂、イシダ、村田製作所、國友銃砲火薬店など、伝統的な技術をベースにして先端的な製品を生み出す企業が京都に本社を構えています。

第4章

対談　地球科学から見た京都

本章では、地球科学者である著者お二人に、「京都がなぜ都になり、1000年もの間都であり続けたのか」というテーマに挑まれたその背景や、研究スタンス、本文で書ききれなかったことなどを掘り下げてお聞きします。（聞き手：編集部）

全体を見る学問

――「京都がなぜ都になったのか」というのは、人文系の学問や作家が主にとりあげてきたテーマです。本書は地球科学者からの挑戦でもあるわけですが、既存の自然科学の研究のあり方に対してはどのようにお感じでしょうか。

〈原田〉私たちが研究している学問は「地質学」と言いますね。自然系の学問の中で「質」というものを扱っているのは地質学だけで、あとはみんな、物理学にしても化学にしても「量」を追究しています。たとえば、私が研究してきた深海底の「マンガン団塊」という鉄とマンガンの酸化物の塊は、大きいとか小さいとか、表面が平らか凸凹しているかだとか、内部にも生物起源の微細構造もあって、それ自体、すごい情報の塊なのです。しかし化学では、最初から団塊を潰して粉末にしてしまい、化学成分だけを数値化して分析するのです。数値化することによって、大量の質的な情報を捨てていることになるわけです。

〈藤岡〉確かにそうですね。今は数値データが一番重視されていますが、ある範囲のものを全部均質にして分析するでしょう。しかしそれは数千万年の年代の幅を持つものかもしれないですよね。あるいは堆積構造だとか微化石が入っていたりしますが、そういうのを無視してしまうのです。

〈原田〉本来は自分の見ているものが何か、ということをもっと考えないといけないわけですよね。ところが今は客観性や信憑性という言葉のもと、「それは結局原田さんの個人的観察でしょう」とか「藤岡さんの思い込みじゃないんですか」とか言われます。学問がどんどん小さくなっていくわけです。そうではなく「私にはこう見えた」とか「見えたものはこういうふうに解釈できる」とか、そういう仮説から発想がどんどん展開していくものだと思います。

大陸が移動するというプレートテクトニクスは今では常識ですが、１００年前の仮説から発展しました。今の日本では、仮説を出しても「世界でそんなことを誰が言っているのか」と言われます。

〈藤岡〉あと、データは機械で測りますが、その機械の誤差がありますよね。それをもちろん考えてやっているのでしょうが、やはりどうしてもその誤差から抜けられないと思うのです。岩石などが積み重なっている前後関係が本当にこれで正しいかどうかというのは、機械では誤差がありよくわからないですよ。書かれた記録があって、何年にこういうことが起こったということが確実にわかっていればいいですが、そうでないものは地層から読むしかないわけです。そこにもやはり地質学の広く優位なところが実はあるのです。

〈原田〉年代測定法で非常に精密な数字が出ますが、下位から取ったサンプルが上位のものよりも時代が新しければ、それはどこかに誤りがあるわけです。しかし「4桁も精密に測っているのだからおかしいはずがない。数値どおり上の方が古くて下の方が新しい」と言うわけです。

〈藤岡〉出た数値しか見ないわけですね。

〈原田〉そういう意味で、地質学は仮説とか、大きな見方にたって妄想をたくましくするようなことが重要なのです。

〈藤岡〉地球物理学ではいろいろなものを均質化して計算します。数学というのはある仮定を置けば解けますが、逆に言うと、仮定しなければ解けないのです。たとえば「この岩石は均質である」という仮定をすれば、全岩の成分が出てきますが、そうでないとしたら、数学では解けないのです。

地震学者はよく、プレートは全部均一として計算しますが、何百kmも長さがあり、厚みが何十kmもある塊が均質なわけがないですよね、誰が見たって。だから実は計算できないのです。もとより地震学者が数学を使って何かやるというのは、私はもうまったく無意味だと思います。無駄です。コンピューターを使ってやるというのもまったくナンセンス。いくら早く計算できたところで、違うのですよ、そもそも。

最近、金森博雄さんという、米国地震学会の会長を務めた地震学者が、地震を明らかにするためには、新しい数学を考えないとダメだと言い出していますが、要するに今の数学ではもう解けないと。今の数学でというか、数学では解けないと言ってくれたらよかったのですよ。

〈原田〉昔『サイエンティフィック・アメリカン』(日本語版は『日経サイエンス』)に土星の輪の成因が数学的に解けたという記事がありました。ただし土星の輪が正方形だと仮定したら、というわけです。この土星の例だと仮定がおかしいというのは誰でもわかりますが、地球のプレートが一枚岩だとか、一瞬にしてべきっと割れるとか、そういう仮定が地震の計算に入っていることには気づかずに、数字だけでごまかされてしまう。

〈藤岡〉そういった数学上の仮定とは正反対のものとして、私は自分の仕事を「空想地球科学」と勝手に言っています。空想というのは別に悪いわけではないですよね。

ちなみに科学者で作家のアイザック・アシモフが『空想自然科学入門』という本を出しています。これはもともとの題名は「View from a Height」といいます(1963年発表)。「高いところから見た景色、考え」という意味ですが、小尾信彌《おびしんや》さんという有名な天文学者が「空想自然科学入門」と訳しました。この訳はちょっとどうかと思いますがね。

〈原田〉藤岡さんが「空想地球科学」（Fantasic Earth Scienceあるいはヘスの Geo-Poetry に倣って Geo-Fantasy）と銘打って一般向けにまとめたのが『天変地異の地球学』（講談社ブルーバックス、2022）ですね。地球の災害というものが周期性を持つか持たないかという話を始めて、最終的には3というマジックナンバーを引き当てて、3000万年周期という銀河の周期と連動して、というように次々視野を広げていって……。非常に面白く読みました。そういう長周期的な現象は今の大学では全然扱えないし、「本当に証拠あるのか？」となりますね。

〈藤岡〉ない（笑）。

〈原田〉直接的な証拠はあるわけないのですが、やはりいろいろな状況証拠を集めてロジックで詰めていくと、そういう全体像が見えてくるというね。そういうアプローチは地球科学ではちゃんとやっていたのです。でもだんだんそれがなくなってきた。残念なことですね。

議論の重要性

――お二人は若い頃からの盟友だったとか。

〈原田〉藤岡さんとの出会いは1974年の東京大学海洋研究所の調査船「白鳳丸」の西太平洋航海でしたね。

〈藤岡〉1974の白鳳丸と1975年地質調査所の白嶺丸の沖縄航海でしたね。

〈原田〉そうでしたね。

〈藤岡〉最初は白鳳丸ですね。

　私はもともと東京大学の修士時代は岩石の研究をやっていたのですが、もうこれ以上岩石をやっていてもしょうがないと思っていたときに、プレートテクトニクスという理論が出てきて、海洋の研究が世界的にたくさん出てきたのです。それがあって、博士課程から東大海洋研究所に移りました。プレートテクトニクスは、もちろん海だけではないのですが、その前の「海洋底拡大説」とかも含め、ほとんど海からの仕事で理論が成り立っているのです。

〈原田〉初期の頃はそうですね。

〈藤岡〉だからそのためにね。やはり海洋というのはすごくよかった。陸上の岩石が何岩だと言っていてもらちが明かないことはわかったので。

〈原田〉私は、京都大学の理学部卒業後に、２年間米国のウッズホール海洋学研究所で学びました。アメリカでは若手が、プレートテクトニクスで考えたらあんなことが言える、こんなことも言えるというようにワーワー言っているのに、帰国したら、もうシーンとしていました。「地向斜造山論」といった古い説を、大家が言ったままオウム返しにしているような感じでしたね。

　そういうときに参加した白鳳丸で「なんか関西弁でしゃべるのがおるなあ」と思ったのが

藤岡さんでね。

〈藤岡〉東大の修士に行ってから一番嫌だったのは、関西弁（京ことば）を話していると馬鹿にされるのですよね。原田さんとは心置きなく関西弁で会話ができました。それだけではなくて、ちまちました研究が嫌いなところなど、すっかり意気投合しました。

〈原田〉ウッズホールは多くの分野、地球物理学や地球化学、古生物学などの領域から研究者が集まっていて、廊下でみんな、ちょっと疑問に思ったことをすぐ質問したり、答えたり、確かめたりして、いろいろな場所で議論していました。海洋研にもそういう環境があり、幸いでした。

〈藤岡〉海洋研には、地学だけではなくて気象学だとか化学だとか、生物学・微生物学からありとあらゆる分野の研究者がいたのです。そこのいろいろな教室に行きましたね。原田さんも、私の上の5階の無機化学の教室によく出入りしていましたよね。所内でいろいろな人と議論できた。あれがすごく大きかったですね。

〈原田〉その後、何人かで1983年に「明日の地球科学を考える会」というのを立ち上げま

原田氏

した。

〈藤岡〉全国の若手研究者に手紙を出して、八王子の大学セミナーハウスに第3回目は209人も集まりました。200人が一泊二日で朝から晩まで議論して、誰も全然寝ませんでした。その頃の学生が今、もう大学の教授とか、定年前ぐらいですけど、みんな相当偉くなっているのですよ。

〈原田〉私たちも若手のバリバリでしたからね。大きい会を主催して。当時の教授たちも偉いものでスポンサーになってお金も出してくれましたね。

〈藤岡〉プレートテクトニクスが日本で受け容れられた最初の頃ですね。いろいろな議論ができて、そこから生まれた話もいくつもあります。

〈原田〉私は1980年から山形大学地球科学科に赴任しますが、そこの大町北一郎《おおまちほくいちろう》教授に大きな影響を受けました。大町さんは金属鉱床の研究者でした。資源というものがあって、初めて金属が利用できる。金属があって、初めて技術もできる。地質・資源・技術・文明という縦の流れが出る、ということを仰っていました。

地域地質をそういう社会とのつながりで考えたら面白いのではないかと思って、資源と技術の関係や、技術と社会構造の関係を研究してきたのです。その一つの成果として『平安京のコスモロジー』（鎌田東二編、創元社、2010）という本に「平安京の自然学―資源科学から都の工業生産を考える」という文章を書きました。それを藤岡さんがえらく褒めてくれて、未完成なのでもっと完成させたいと私が言っていたところ、今回の本を一緒に書こうと誘ってくれたわけです。京都の古いところは全然知りませんが、彼が「そこは全部自分がやるから」と（笑）。

古代人の情報網

――「地質・資源・技術・文明」という流れが、いかに強く社会や文化を作り上げているか、本書ではさまざまな例を挙げて語られています。古代の都を考えるときにいちばん重要な金属資源が水銀だったということには、驚きました。

〈藤岡〉水銀は中央構造線に沿った鉱山から出たようですね。

〈原田〉自然の朱（硫化水銀）の粒として今川の川底に転がっているものを拾い集めて使ったらしいですね。

〈藤岡〉辰砂《しんしゃ》という原石ですね。

〈原田〉当然そこには砂金もあったはずなのです。

〈藤岡〉金と水銀はほとんど共存していますからね。あとヒ素もですが。

〈原田〉にもかかわらず、金は全然使っていません。縄文時代も弥生時代も。古墳時代になってから、ようやくスキタイなどの影響で、金が使われるようになりましたが、古墳の中でもやはり圧倒的に朱が使われました。神社の鳥居や建物などにも水銀の朱が使われますね。防腐剤です。この当時の資源としては、水銀に一番価値があったのです。

〈藤岡〉死人に塗ったりしていたのですよね。埋葬するときに朱を入れて。奈良には大和《やまと》鉱山というのがあるのです。室生寺《むろうじ》のすぐ近くですけども、そこから結構水銀が出たみたいですね。だから奈良は水銀鉱山が近かったという利点がありますよね。

〈原田〉水銀鉱山を握っていたことによって交易ができたということもありました。

〈藤岡〉卑弥呼が中国（魏）への貢物として使っていたという説もありますね。

〈原田〉縄文時代の話になりますが、縄文人の情報網はすごかったようです。神津島《こうづしま》（伊豆諸島）や隠岐（島根県）から黒曜石を持ってくるなど、かなり広範囲に交易網が広がっているわけです。それらの交易ルートは結局山の稜線なのですね。中央分水界がつながっているので千葉県の館山から山形県の羽黒山まで、尾根筋だけをずっとたどって行けるとか、青森のマタギ（狩猟者）が中部地方まで行っているとか。日本中に尾根伝いのすごいルートがあったのですよ。それが修験道に結びついて、山伏の修行の道になった。そして江戸時代に鉱山開発が盛んになると、山に馴染んだ山伏の一部が、川底や露頭で砂金や鉱脈などを探す山師《やまし》になって金銀や水銀などを探し出していったのです。だからもう卑弥呼の時代には大和水銀のことは十分知られていたと思うのです。

〈藤岡〉あと、中央分水界の尾根筋もそうなのですが、やはり海を使ってというのはあると思いますね。特にあの神津島の黒曜石は、どうやって見つけたのかと思うのですけどね。船で来て、たまたま漂流したかなにかで、「こんなところにある!」という感じですかね。あの大露頭を見てきましたが、取り付けないですよ。上からも行けないし下からも行けないという断崖絶壁の途中に、ずっと黒曜石の何メートルもある層があるのです。

縄文の一番代表的な遺跡というと青森の三内丸山《さんないまるやま》遺跡ですが、そこの嗜好品が、4つあるのです。翡翠《ひすい》と黒曜石と琥珀《こはく》と天然アスファルトです。アスファルトは実用品であり、矢尻の接着剤として使ったり、いかだ船の接着に使ったりしたのかなと思いますね。天然アスファルトは日本では秋田県の豊川油田でしかとれません。それから琥珀は岩手県の久慈《くじ》。翡翠は糸魚川《いといがわ》です。黒曜石は北海道と、神津島、松本など何箇所かありますし、箱根からも少量だと取れます。その流通機構がやはりあったと思います。原田さんが言ったように、尾根筋を使うのもあるし、もう一つは海洋のルートもあったと考えます。翡翠は日本海を通ってきていると考える人はいるみたいですね。

〈原田〉民俗学者の宮本常一《みやもとつねいち》が宮崎県臼杵郡椎葉村《しいばむら》近くにある諸塚村の桂山にまつわる話をしています。永正10(1513年)年に戦に敗れ桂山で自決した、阿蘇山の北にある小国郷の領主北里為義の家来で、為義の墓守として桂山に住み着いた甲斐氏の子孫の話です。昭和32（1957）年9月、当時の北里家の当主が、先祖の墓が桂山にあるのかどうかを確かめに、諸塚村を友人と一緒に訪ねて桂山にたどり着いた。事情を知った甲斐氏は、昔の殿様の子孫が訪ねてきたと大喜びで、二人を歓迎した。家には火事があって記録は何ものこっていないが、刀と槍が保存されていた。そして、今から80年ほど前に小国からおばあさんが訪ねてきて墓が守られていることを知って喜び、家の者に墓参りさせるからといって山を下ったが、その後何の音沙汰もなかったという話をした。二人が小国に帰って戸籍を調べたところ、そのおばあさんと思われる、70歳すぎて行方不明になった女性が一人いた。

宮本はこう記しています。

記録を持っている北里家の方では記録を見れば「そういうこともあったか」と思うことはあっても、日ごろはすっかり忘れているが、記録を持たない世界では記憶にたよりつつ語りついでいるためか、案外正確に450年以上前のことを記憶していたのである。

（宮本常一『山に生きる人びと』河出文庫、2011）

これは450年前の室町時代以降の話ということになりますが、縄文時代だったら、あそこで火山噴火があったとか大洪水があったとか、大勢が死んだという事件は、ゆうに千年ぐらいは語りつがれるはずなのですよ。

〈藤岡〉稗田阿礼《ひえだのあれ》のように。

〈原田〉そう。だから縄文人たちがずっと語り継いでいて、ここに行ったら黒曜石があるとか水銀があるとか、相当情報を蓄積していたと思うのです。

〈藤岡〉そうですね。

〈原田〉だから風土記にも、土地の産物を書き記すことができたわけです。

〈藤岡〉だいたい縄文時代というのは1万3千年間あったわけです。1万3千年という長い時間のうちには、日本列島を全部知っていただろうと、そう思います。だからそれで近畿が日本の真ん中にあるということも、もう知っていたような気がするのです。13000年ですからね。

〈原田〉縄文人や弥生人は熟知していたと思いますよ。

〈藤岡〉そうすると都の場所は、やはり近畿になると思うのですよね。日本の真ん中にありますから。要するに青森から来ても九州から来ても真ん中は近畿になるのですね。そういう意味では奈良か京都か大阪かというのは必然だと思います。

奈良から京都へ

――列島の真ん中にあり、資源にも恵まれた奈良盆地を最初の律令国家の都としたわけですね。ですが奈良はなぜ1000年の都にならなかったのでしょうか。

〈原田〉近畿を考えたときに、まずは水銀に引きつけられて、奈良盆地を都としたと。京都はその当時としては何もなかったわけですね。しかし奈良に定着してみたら、やはり狭いし、水も少なく、森林も枯渇してしまうということで、都そのものが維持できなくなってくるわけですね。水資源にしても食糧資源にしてもスケールが小さかったということだと思いますよ。特に水の豊富さが京都とは全く違います。

藤岡氏

〈藤岡〉森は丸坊主にしてしまいましたしね。鉄が入ってくるとやはりそうなってしまいますよね。

〈原田〉そしたら隣の京都はどうだろうということになったと思うのですよ。

〈藤岡〉まあ奈良で練習してきて、近江にも行ったり、いろいろなところを試してみたけれど、結局は京都がやはり一番いいとなったのでしょうね。奈良は練習というのは言い過ぎでしょうか。

〈原田〉前駆段階ということでしょうね。たとえば、日本最古の刺繍遺品として知られる「天寿国《てんじゅこく》曼荼羅《まんだら》繍帳《しゅうちょう》」は、推古天皇30（622）年、聖徳太子の妃である橘大郎女が、太子が往生なされている天寿国のありさまを刺繍で表したものですが、後世に補修したところの方が痛みは激しいそうで、今の技術でも復元するのは大変らしいです。ほかにも正倉院宝物を見れば分かるように、当時からすごい技術を持っていたことは間違いないですが、それをまだ量産化するような段階にはいってなかったということですかね。

扇状地と三角州

——近畿で遷都を繰り返した古代の都は、結果的に京都に落ち着きました。「京都はなぜ都になったのか」という謎の答えは結局のところ何でしょうか。

〈藤岡〉近畿のなかでも京都に都が落ち着いた一番の理由は、京都の立地が三角州でなく山間盆地に発達する扇状地だということです。両方とも土砂が堆積してできた土地ですが、三角州（海岸平野）はほとんど大きな川の河口の周辺で海に近い、扇状地は山に近いという違いがあります。

扇状地を作っている堆積物は礫《れき》とか砂が主です。粒が粗いのです。山から出てきた川が、礫や砂を運びきれずに、大きいものは残してしまうのですね。それが扇状に広がって扇状地ができていきます。三角州はほとんど河口の周辺なので、堆積物がもっと細かいのです。シルトとか粘土に近い細かいものです。

だから扇状地というのは水はけがすごくいいのです。そして地下に水がたまります。ここではやはり畑が一番適しています。三角州にいくと土壌が非常に細かいので、どちらかというと田んぼですよね。ですが海に近いので、海水が結構混ざってくるのです。そういう難点があります。

大阪は三角州で、京都は扇状地です。奈良盆地はどちらかというと三角州に近いのですよね。扇状地ですが、京都ほど扇状地的ではありません。奈良の方が土壌がもっと細かいのです。そこの違いがやはりあります。

扇状地である京都は地下水が豊富です。あの琵琶湖と同じぐらいの水量があります。また扇状地を通ってきている水というのは、ろ過されてすごく質がいいのですが、三角州の場合はそういうことは起こらないから、水質は悪いです。

〈原田〉だから江戸は上水《じょうすい》を引いてこないといけなかった。大阪は京都の水が売れたというぐらいに水がまずかった。それから兵庫の灘と京都の伏見の酒というのはうまい酒の代名詞になっていますが、大阪市中にはそこまでの銘酒はないわけです。東京にもないです。というのは、水資源がないからです。

また、焼物に京焼はありますが、なにわ焼というのはありませんね。江戸焼もないです。技術の問題ではありません。40キロ先の京都に行ったら職人なんていくらでも呼んでこれるわけです。だけどできないというのは、やはり資源がないからです。つまり陶土と窯を炊くときに必要な薪（アカマツ）です。

それから木材資源に関しても、京都には北山に銘木がいっぱいあります。東京の武蔵野には雑木林しかないわけでしょう。大阪の木工芸はあまり聞いたことないですよね。大阪もやはり遠いのです、山が。

〈藤岡〉扇状地は山から近い、三角州は山から遠い。

〈原田〉ということは、金属資源とか陶土資源とか森林資源、そういう資源類から扇状地は近いということです。また、江戸中期までは、三角州をつくるような大きな河川を人間はコントロールできなかったのです。堤防を造ったりする技術が低かったからです。

だから、新潟にしても東京にしても名古屋の濃尾平野にしても、河口近くの沖積平野《ちゅうせきへいや》というのはなかなか開墾できなかった。今なら海岸平野の方が広くて平らで水もあって使いやすいと思う人は多いでしょうが、そういうふうになったのはつい最近のことですからね。

また、そういうコントロールしにくいところに都市化が進んでいくと、何かあると一気に洪水になるわけです。日本の河川は河床に土砂を堆積していくので基本的には天井川です。そのため堤防が決壊するとその辺全部がやられてしまうわけです。しかしパリのセーヌ川やロンドンのテームズ川は、大体都市の一番低いところを流れているので、少々増水しても市街地が水浸かりになるということはないのです。ここが日本の河川と大陸の河川の違いですね。ニューヨークもハドソン川の方が低いところを流れています。日本では、東京の江戸川や荒川も地表より上を流れていますからね。

〈藤岡〉東京と京都の比較の場合はですね、本文でも説明したように、関東平野の土地というのは、扇状地でも三角州でもないのです。もともとは海の底の浅いくぼみに陸からの砂や泥がたまった「前弧《ぜんこ》海盆《かいぼん》」というもので、海盆が隆起して、海の底がそのまま陸になったのが関東平野なのです。その上に、関東山地から運ばれてくる土砂や富士山や箱根からの火山灰がローム層としてたまっているだけなのです。そこがちょっと違うのですね。

要するに海底にあったものがそのまま隆起しているので、非常に広大な場所になったのです。それが青梅《おうめ》のあたりから関東山地が扇状地を作っていくのですが、そこには文化は発達しませんでした。もっとずっと海岸に近い方に文化が発達してきました。しかし結局東京はやはり徳川家康が入ってからですね。都市になっていくのは。

〈原田〉低湿地が広がるだけで何もなかったですからね。

都が1000年動かなかったわけ

――そうやって扇状地にできた京の都が1000年も動かなかったのはなぜなのでしょうか？

〈原田〉一つは侵略がなかったということですよね。大陸のような内乱もなかったし、それから大きな洪水ですべて流されるということもなかった。

〈藤岡〉応仁の乱のようなものはありますが、内輪喧嘩という感じですかね。

〈原田〉異教徒殲滅や異民族征服というような徹底的なものではないですからね。だって応仁の乱ですら松茸のシーズンには休戦して松茸狩りをしていましたからね。両軍とも。そんなことで都が潰れるはずないです。

〈藤岡〉国際日本文化研究センター所長の井上章一さんも言っていましたが、私は面倒くさかったのではないかと思っています。遷都するだけのカネもないですし。

〈原田〉適地もないですしね。あとはこれだけインフラを整備してしまったら、もう職人集団が動けませんからね。

〈藤岡〉面倒くさい、カネがない、適当な場所がない、ということの3つでしょうね。

地球科学的視点のすすめ

――なるほど。「動かす必要がなかった」ということでもあるのでしょうか。2000万年前の、「京都」がまだ大陸の東縁に引っ付いていた時代からの地質のなりたちや、資源と技術・文化の関係を本書で記述していただいたことで、地球科学的な視点から「京都がなぜ都になったのか」を理解することができました。その視点から考えると、都を「動かす必要がない」ということも積極的に捉え直すことができそうに思います。

〈原田〉日本では資源の問題が非常に軽視されています。ギリシャ・アテネのパルテノン神殿を考えるときに、あの近くに石切場があるのですが、どういう石材をどういうふうに使って積み上げたかとか、いろいろ調べないといけないことがあるのですが、文系の人はやはりそういう方面に興味がないようですね。しかし理系の人間がそこに行こうとしても、研究費は出ず「自費で行け」という話になるでしょう。

あるいは、いわゆる「風土」というのは、気候が乾燥しているとか、気温が低いとか、緑が多いとか少ないとか、岩山が出ているとか、肌で感じたり、見てわかったりするわけですが、本当は、それはどういう石なのかとか、断層があるのかないのかとか、地球科学的に考えないといけないのですが、それには知識と野外調査の経験が必要です。

〈藤岡〉今のトルコのアナトリア半島に紀元前に栄えたヒッタイト王国がどうして滅んだか、というのを考えたことがあるのです。私は断層による地震が原因だと思っています。アナトリア断層という、トルコを縦断する東西方向の断層が1000kmぐらい繋がっていて、これは地球科学的にみると南海トラフと似ているのです。断層の上にヒッタイトの遺跡がありま す。考古学者に、地震断層によって滅びた可能性はないのか、と質問しましたが反応はありませんでした。質問した翌年の2023年にはこの断層でマグニチュード7・8と7・5の巨大地震が起き、トルコは大きな被害に見舞われました。

文明の崩壊というのは結構地球科学的な現象が多いと思うのです。ベスビオ火山の噴火によるポンペイの滅亡が有名ですね。だから文明の将来は地球科学的な立場から言うと、やはり災害が起こらない場所に都を置くべきである、ということになると思うのですけどね。日本だとそんな場所はないですよね。

〈原田〉デルフィの神託で知られるギリシャのアポロン神殿もね、背後の石灰岩の岩山に断層があるのです。その断層の圧力で、エチレンガスのようなガスが出てくるらしい。それを吸った巫女が神がかりになって預言を述べていたようです。そういう視点で世界各地の遺跡などを見ていけば、もっと地質屋が言えることはたくさんあるのですがね。今回の本が刺激になって、旅行に行ったときなどに、地球科学的な視点で歴史を見ていただけるとよいですね。

（2024・5・20　於：無鄰菴（京都市））

終章　京都と東京の比較
――扇状地か三角州か――

いままでの章や対談で、京都（平安京）の地が江戸を含めた他の都市のそれとは異なった特徴を持つことを見て来ました。そしてついに地球科学的な解答を見出しました。それは一言でいうと地形の特徴である「扇状地」か「三角州」か、ということです。京都盆地や奈良盆地は扇状地の組み合わせである複合扇状地であるのに対して、大阪や江戸は三角州の組み合わせである複合三角州であることです。以下にその違いをもう一度見ていきます。東京と京都を比較すると、文化については大いに違いがありますが、文化の基盤をなす地形や地質でも大きな違いがあります。ここでは、扇状地の代表者である京都と三角州の代表者の東京（江戸）との自然の比較を試みましょう。

火山と土壌

まず大きな違いは活火山が近くにあるかないかです。京都周辺の火山、たとえば宝山《たからやま》（田倉《たくら》山《やま》）や青葉山は、歴史時代には全く活動していません。一方、関東では富士山や箱根山のように、第四紀の中頃から歴史時代にかけて火山が活動をして、大量の火山灰（テフラ）が降っています。これは大きな災害につながっています。

土壌の違いは火山灰などにも関係があります。京都は白川砂《しらかわずな》で代表されるように花崗岩《かこうがん》の風化した白いきれいな砂で、神社の境内に敷かれています。関東では主に富士や箱根由来の火山灰からなる黒い関東ローム層です。町全体が何か暗い感じがします。

土壌は作物の成長にも影響します。たとえば京都では北白川扇状地の水はけのよいやや酸性の土で育つ鹿ケ谷《ししがたに》かぼちゃ、砂壌土《さじょうど》から壌土（砂混じりの土）でよく育つ賀茂なす、肥沃で水はけのよい土で育つ堀川ごぼうなどです。東京では関東ローム層に深く根を伸ばす練馬だいこん、東京湾の潮風でミネラルを豊富に含む土壌で育つこまつななどです。

河川と平野・盆地

次に堆積物を供給する河川を見てみます。関東には、大きな河川として、利根川と南には多摩川があります。特に利根川は、徳川家康が付け替える前には江戸に大きな洪水を引き起こしています。一方、京都には淀川と宇治川があります。淀川の上流には桂川があって長岡京が平安京へ遷都した理由の一つにこの川の氾濫があります。ところが、淀川も宇治川も水運として利用され、さまざまな物資が都へと運ばれてきました。

平野に関しては、関東平野は房総半島の東沖に海溝が３つ（日本海溝、伊豆小笠原海溝、相模トラフ）交わる海溝三重点があって、そこから見ると前弧海盆（海溝の陸側斜面に発達する盆地状の地形）に相当します。長い間沈降を続けていて現在も沈降しています。そこには沖積層が厚くたまっているのですが、その厚さは何と３０００ｍにも達します。大阪平野は、今の瀬戸内海ができてからしばしば内陸まで海になったのですが、第四紀の沖積層は東京ほどには厚くはありません。京都盆地の南で700mくらいです。関東平野では地震の際に液状化がしばしば起こりますが、京都ではそれほどではありません。関東では太平洋プレートの影響が強いですが、関西ではその影響はほとんどありません。代わってフィリピン海プレートの影響が強いのです。

第四紀の地殻変動の影響は、関西ではフィリピン海プレートの運動がもろに効いてきています。盆地群や近畿三角地帯の形成は東西圧縮の結果で、主に逆断層や横ずれの活動によってできています。

フォッサマグナ

地質学的には、日本列島の真ん中を真二つに断ち切っているフォッサマグナの存在は、京都と江戸の基盤岩を全く異なったものにしています。京都は西南日本内帯に属し、東京は東北日本に相当します。そして東京は、フィリピン海プレートの北上に伴って伊豆・小笠原弧が本州に衝突している丹沢《たんざわ》に近いところにあって、南北方向の断層運動の影響も受けています。太平洋プレートの影響で海溝型の巨大地震がしばしば起こっています。京都では南海トラフからフィリピン海プレートが沈み込んでいて、そのために地震の影響を受けています。

図59　房総沖海溝三重点とフォッサマグナ

このように見ていくと、本文で述べたような京都と江戸の文化の違いは大いにその地球科学的な活動の結果に左右されているのではないでしょうか。

街づくりへの影響

江戸では利根川の氾濫を防ぐため、川を付け替える大工事を行っています。京都は、鴨川を古代に付け替えたかどうかという論争が研究者間でありましたが、結局は、付け替えは行っていないようです。江戸は埋め立てで土地を増やしていますが、京都では明治以降巨椋池《おぐらいけ》の干拓などを行ってきました。外国の町割りは、たとえばフランスのように凱旋門《がいせんもん》を中心に同心円上に町が発達してきましたが、日本は中国を真似したために碁盤の目になっています。江戸（東京）は後に環状線的に山手線や道路（環状七号線、環状八号線、国道16号線）などが江戸城（皇居）を中心に敷設されてきました。

この碁盤の目か放射状かという問題は、中国の都とヨーロッパの都の形成に関係があります。ヨーロッパでは王宮・教会・広場などを中心に放射状に町が形成されてきました。ところが奈良や京都は碁盤の目を中国から輸入しています。一つには宗教的な影響があるのですが、近畿では盆地が南北性の断層に境されていて、円形の道路や町を作るのには適していなかったのです。藤原京では円を作るには大和三山が邪魔をしています。京都では東山、西山、北山が邪魔をしていて方形にした方がより広い面積を獲得できます。関東平野は広いので山が邪魔をせずに円形の道路を作りやすいのです。

扇状地か三角州か

かつて都であった奈良・京都および豊臣秀吉と徳川家康がそれぞれ開いた大坂と江戸の本質的な違いが何かについて、つまり奈良・京都と大坂・江戸の本質的な違いは立地の違いであったのです。なぜならば京都・奈良が立地する扇状地と大坂・江戸が立地する三角州では、資源（水、森林、鉱物・岩石など）の存在状況と地盤の性質が大きく違っていて、それが文化のあり方に大き

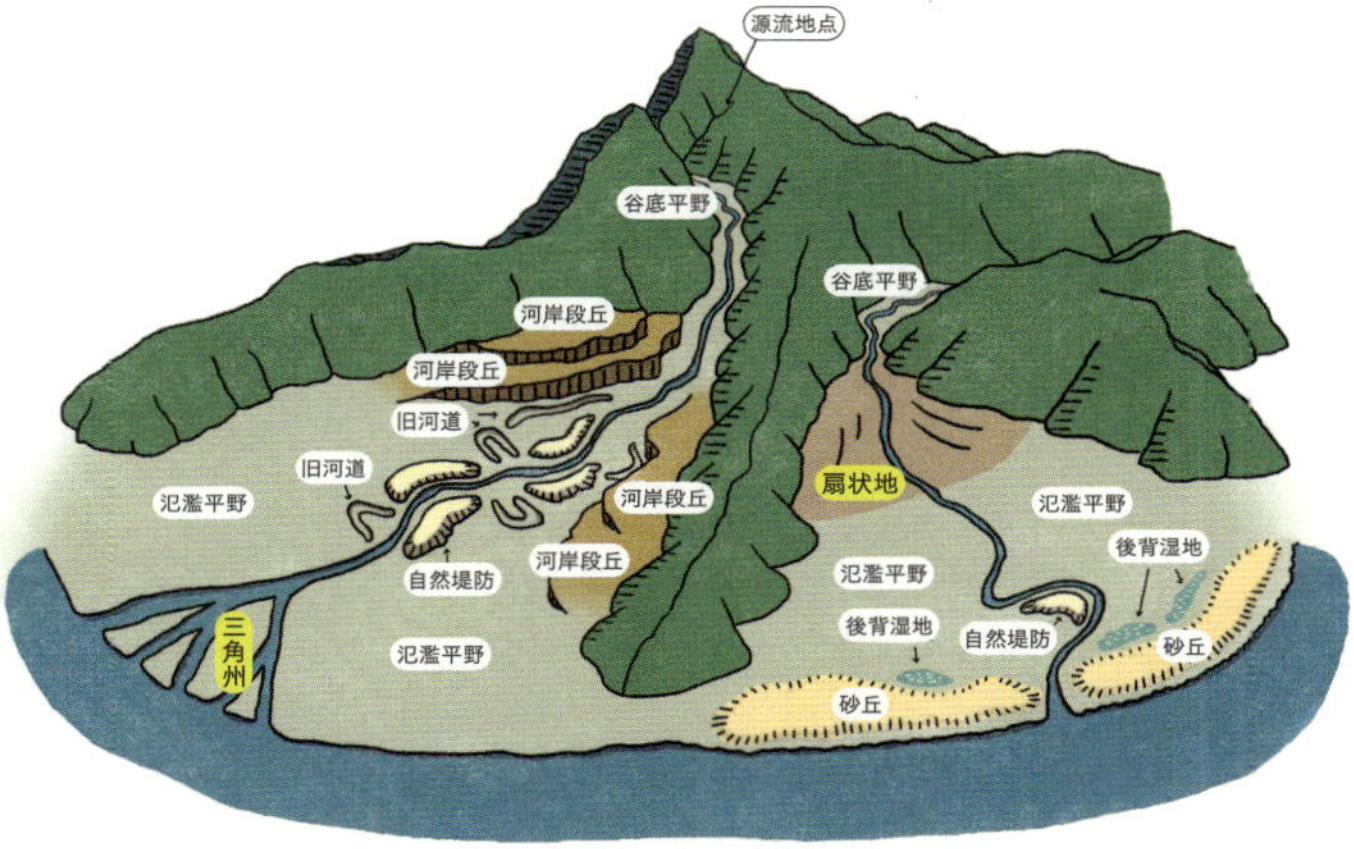

図 60　河川地形の全体模式図
（出典：国土地理院 Web「山から海へ川がつくる地形」の「川の地形とは」https://www.gsi.go.jp/CHIRIKYOUIKU/kawa_1-1.html、文字の大きさ・スタイルを改変）

く影響しているからです。

扇状地は川が流速を減じた山間部の出口に発達した扇形の堆積体で、主に砂や礫《れき》からできています。三角州は河口に発達する三角形の堆積体で、流速がきわめて遅いので主に細かい砂や泥からなります。扇状地か三角州かは水はけの良し悪しや、そこに生える植生や、存在する資源が大いに異なります。扇状地は後背地として山地や山林が発達していますが、三角州にはそのようなものがありません。

扇状地は砂礫層が主体なので地震になっても液状化や地盤沈下などは起こりにくいのです。河川の規模が小さいので洪水の範囲も限定的です。一方、海に面した三角州は含水率の高い河川が運んできた砂泥質の堆積物である沖積層が主体なので、地震が起こると液状化や地盤沈下などが広範囲に生じます。また河川が氾濫すると被害は広域に及びます。資源（水、森林、岩石・鉱物など）の観点からすると、三角州よりも扇状地の方が豊かです。そのため京都では、酒、織物、染め物、陶芸、漆芸、竹工芸、木工芸、石工芸、仏像や仏壇、造園などが平安時代から特産品になっています。ただし、奈良は藤原京や平城京の建設などで森林資源が枯渇したことと水資源に乏しいことから八世紀に遷都されて、奈良・平安時代には墨や筆、団扇などしか手工芸品は育ちませんでした。

たとえば日本酒は奈良で始まり、江戸時代は京都の伏見は灘と共に有名な酒どころでした。ところが、江戸時代を通じて「江戸誉」や「なにわ正宗」のような銘酒は生まれませんでした。今も東京23区内には蔵元は一軒しかなく、大阪市内には蔵元は一軒もありません。その原因は水にあります。関東平野と大阪平野では成因が異なっていますが、どちらも沖積層が厚くたまった三角州です。しかも縄文時代（前期〜中期）は海の底に沈んでいました。そのため地表にも地下にも良質の水がないので、醸造技術を習ったとしても酒が造れなかったのです

別の例は焼き物です。清水焼《きよみずやき》で代表される京焼の歴史は、今から千二百有余年前に遡ります。奈良時代に、僧行基《ぎょうき》が清閑寺（東山区）に窯を築いて土器を製造しました。その遺跡が清水寺の茶碗坂だといわれています。室町時代後期から江戸時代にかけて茶の湯が流行すると、それに伴って茶碗づくりが発展しました。江戸時代には、摂津の三田焼《さんだやき》のように京都の職人が技術を伝

えたり、讃岐藩の讃窯のように藩主が陶工を国元に招いて新しい窯を開いたりしています。にもかかわらず「江戸焼」も「なにわ焼」も生まれませんでした。技術が伝わっても、肝心の陶土がなかったからです。海岸平野は陶土を産する山から遠く、また地面を掘っても海水の影響を受けた沖積層が分厚くたまっているので地下から陶土を掘りだすことができないのです。

一方、扇状地は山に近いので、陶器用だけでなく瓦用の陶土も簡単に手に入ります。窯焚き用のアカマツも里山で簡単に調達できます。露地《ろじ》（茶庭）に欠かせない景石《けいせき》、灯篭《とうろう》や蹲踞《つくばい》をつくる石材も巨礫がころがっている渓流や山から掘り出せます。

日本の大都市や都は、京都と奈良が扇状地で、それ以外はすべて三角州の上に造られています。三角州は度重なる水害や地震による液状化、津波の影響を受けますが、扇状地では津波の影響はなく、上流では水害は下流ほどではありません。奈良は扇状地であったのに河川の勾配が京都に比べてかなり緩く、三角州に近い状況であったと考えられます。

三角州の逆転繁栄

産業革命で熱機関による大量・高速・遠距離輸送が実現すると、東京と大阪の状況は一変しました。沿岸に港湾が整備され、鉄道と道路が内陸部に延びて、工業生産は資源制約から解放されました。また土木技術の発展により軟弱地盤の改良が進み、地盤制約からも解放されました。治水技術も発達して広大な土地が宅地に利用できるようになり、人口が増大して市街地は拡大し、高層建築物や大規模工場が林立するようになりました。一方、山間盆地は可住地域が狭いので市街地の拡大は難しく人口増加も制約されました。物資の輸送も地形に制約されて、資源確保の点でも不利になりました。これが、現在の日本の姿です。

現代の三角州の繁栄は安定したエネルギーの供給とコンピューター制御された社会システム（金融、生産、物流、通信、交通、上下水道など）および先端的な土木・建築技術などによって支えられています。しかし、それらはすべて海外からのエネルギー資源（石油・天然ガス、石炭など）と鉱物資源（鉄、銅、アルミやレアメタルなど）の安定供給と都市地盤の安定性を前提にしたものです。それだけに、近い将来、石油資源が枯渇したり、巨大地震・津波が発生して都市のインフラが破壊されたりすれば、都市機能はたちどころに麻痺して、都市の暮らしは崩壊します。こうした危険性が予見できているにもかかわらず、大都市、特に東京への一極集中は止まらず、地方都市は衰退しています。

地球科学的な観点から見た1000年の都・京都

京都が扇状地の特性を生かして1000年もの間都であり続けられたのは偶然ではなさそうです。現在、京都は観光都市として注目されていますが、実際には歴史的につちかわれてきた手仕事の智恵を活かした先端企業が集積しています。とは言え、今ここに都を戻したとして果たしてこれから先1000年間都として維持できるかというと、答えは否でしょう。しかし、近未来に現実化する厳しいエネルギー・資源の制約下において、国土の均衡ある発展を図るには、現在衰退しつつある地方都市の立地を地球科学的な目で見直すことが不可欠だといえます。

京都が都でなくなってから、東京や大阪など三角州の都市は1923年の関東大震災や1995年の兵庫県南部地震、そして2011年の東北地方太平洋沖地震などによって壊滅的な崩壊の危機に陥りました。また東京は1910年の大洪水や1947年のカスリーン台風で、そして大阪は1670（寛文10）年の高潮や1885年の淀川大洪水で壊滅的な被害を被りました。しかし、第2章で見たように扇状地の京都はそれほど大きな被害は受けていません。地盤が比較的安定しており、流入河川の水量も下流ほどは多くないからです。自然災害を軽減するには、何よりもまず地球科学を学ぶことです。平安京を地球科学的な側面から見直したねらいはそこにあったのです。都市の再構築を考えるに際して地球科学的な観点を欠けば、数十年後、数百年後に大きな誤算が生まれます。

筆者たちは、都の成立条件として、扇状地か三角州かがクリティカルな要素であり、京都は扇状地であったために都が成立し1000年間も維持されたと考えています。

あとがき

本書は京都の地質と文化の関連を語った本です。本書は、第4章で述べたように、海洋調査での「船友」藤岡換太郎さんからの声掛けで世に出ることになりました。

私は大学院修士課程で海洋地質学の基礎を学び、博士課程で深海産マンガン団塊の内部構造を研究しました。動機はマンガン団塊がどうして同心円状に成長するのだろうかという好奇心だけで、マンガン団塊の資源価値や採鉱・製錬、回収される金属元素（銅・ニッケル・コバルトなど）の使い道およびそうした金属の環境への影響などについては無関心でした。視野の狭い、いわゆる専門バカだったわけです。

しかし幸い、1980年山形大学理学部地球科学科応用地学講座の助教授に採用されて、大町北一郎教授と出会い、大きく視野が開かれました。先生は金属鉱床学の大家でしたが、鉱床の成因と分布だけでなく、採掘、製錬、金属の利用と環境への影響までを視野に入れた「資源科学」という新しい学問を打ち立てようとされていました。残念ながら1987年9月在職中に亡くなられましたが、資源科学の考え方を学んだ私は、都市を支える地盤と生産システムを支える資源という視点から地質と文明の関係を考えるようになりました。そして同年、比較文明学会に加入して世界の諸文明について主に文献学的研究を始め、1990年に独学の成果を『地球について――環境危機・資源涸渇と人類の未来』(国際書院)にまとめました。

2002年京都造形芸術大学(現京都芸術大学)に異動し、学生に「地球環境論」や「資源科学」などを教える一方で、公開講座の「日本芸能史」と「京都学」を受講して京都の伝統文化を学んで視野を広げました。そうした時に、友人で京都大学こころの未来研究センター教授の宗教学者鎌田東二さんから「モノ学の構築――もののあはれから貫流する日本文明のモノ的創造力と感覚価値を検証する」という研究プロジェクト(2006~2010年)に誘われました。そして、2008年に芝蘭会館稲盛ホールで行われたシンポジウム「平安京のコスモロジー」で研究成果の一部を発表しました。その内容は、鎌田東二編『平安京のコスモロジー――千年持続首都の秘密』創元社(2010年)の第二部、「平安京の自然学――資源科学から都の工業生産を考える」に収録されています。

当時の私は、京都盆地周辺の地質については十分理解しておらず、上記の「平安京の自然学」は完成度が高いと言えるものではありませんでした。にもかかわらず、藤岡さんは当初から高く評価してくれて、京都の地質は自分が担当するから、もっと完成度の高い「京都の文化と地質」の本をつくろうと提案してくれたのです。

実際に動き出したのは昨春からでしたが、その前に私は、京都伝統文化の森推進協議会に加わって京都三山の森と文化について学ぶ機会を得ました。そして、10年間にわたる協議会の活動をまとめた論集、京都伝統文化の森推進協議会編『京都の森と文化』ナカニシヤ出版（2020年）に第四紀地質学の大先輩である中川要之助応用自然史研究所・所長と一緒に「京都三山と京都盆地の誕生」を書きました。この時、京都盆地を埋める大阪層群と沖積層について理解を深めましたが、丹波帯や近畿地方の地殻変動についてはまだよく理解していませんでした。

今回、藤岡さんが、丹波帯の形成と近畿地方の地殻変動および災害（地震、洪水、火災）について詳しく書いてくれたおかげで、京都の伝統文化と資源の関係についてより包括的に説明できたと自負しています。

京都の歴史と文化については膨大な学問的蓄積があります。しかし、資源や地盤などの観点から京文化を論じた本はほとんどありません。本書がきっかけとなって、京都だけでなく地方都市の文化と地質の関係に興味を持つ研究者が増えることを願っています。遅くとも半世紀後には、地域の資源を有効利用して環境を保全する生活に移行せざるを得なくなると予想できるからです。


（原田）

謝　辞

本書を作成するにあたっては多くの方々からご意見、励ましの言葉を頂戴しました。長崎大学名誉教授の松岡數充氏と同志社大学名誉教授の林田明氏には原稿を読んで貴重なご意見を賜りました。京都大学名誉教授の増田富士雄氏には本書の企画の段階で貴重な御意見をいただきました。京都大学名誉教授の竹村恵二、奈良教育大学名誉教授の西田史朗、元同志社大学の中川要之助、元京都造形芸術大学（現京都芸術大学）の藤井秀雪、公益財団法人益富地学会館評議員の武村道雄の諸氏には本書執筆のいろいろな段階で相談に乗っていただきました。

小さ子社の原宏一氏には最初の企画から完成までのすべてにわたって貴重なご意見を賜り、遅れがちな執筆に叱咤激励のお言葉をいただきました。

これらの方々に感謝の意を表します。

原田憲一，2008，地質文明観—安定大陸型文明と変動帯型文明の諸相．梅棹忠夫監修，地球時代の文明学，京都通信社，p.7-38.
原田憲一，2010，地質と文明—壱岐・対馬・済州島を巡る資源人類学の旅．文明（東海大学文明研究所），15，p.3-12.
原田憲一，2010，平安京の自然学—資源科学から都の工業生産を考える，鎌田東二編，平安京のコスモロジー，創元社，p.76-90.
原田憲一・中川要之助，2020，京都三山と京都盆地の誕生．京都伝統文化の森推進協議会編，京都の森と文化，ナカニシヤ出版，p.37-51.
原田憲一・西田史朗・海野和三郎，2009，第4章　生命を育む共生の星．日本地質学会監修，地学は何ができるか，愛智出版，p.159-208.
藤岡換太郎，1986，日本列島の地体構造論とプレートテクトニクス．藤岡謙二郎監修，新日本地誌ゼミナール3，関東地方，大明堂，p.172-187.
藤岡換太郎，1959，湖から盆地へ．京都市立北白川小学校編，北白川こども風土記，山口書店，p.204-208.
藤岡換太郎，1982，都市と地体構造—首都圏を襲った地震を例として．藤岡謙二郎編著，都市地理学の諸問題，大明堂，p.47-59.
藤岡換太郎，2020，新編 湖から盆地へ—北白川の地形と風土 その成り立ちと変遷．菊地暁・佐藤守弘編，学校で地域を紡ぐ—『北白川こども風土記』から，小さ子社，p.379-399.
藤田和夫，Huzita,K,1962, Tectonic development of the median zone (setouti) of Southwest Japan since Miocene. Journal of geosciences, Osaka City Univ., 6, p.103-144.
松岡数充，1979，第一章7　地質．鉄川精・松岡数充・田村利久，淀川—自然と歴史—，松籟社，p.68-84.
松岡数充，1983，奈良盆地のボーリング試料中の大阪層群について．長崎大学教養部紀要 自然科学篇，第24巻，p.23-31.
松岡数充・西田史朗，1980，奈良盆地の最上部更新-完新統．長崎大学教養部紀要（自然科学篇），第21巻，p.35-47.

山岡耕春，2016，南海トラフ地震，岩波新書
山崎晴雄・久保純子，2017，日本列島100万年史，講談社ブルーバックス
横山卓雄，1995，移動する湖、琵琶湖―琵琶湖の生い立ちと未来，法政出版
横山卓雄，2004，京都の自然史―京都・奈良盆地の移りかわり，三学出版
横山卓雄・中川要之助，1991，瀬戸内海の移り変わり―古大阪湾・古京都湾・古奈良湾を中心に，三和書房
吉村昭，2004，関東大震災，文春文庫
吉村昭，2004，三陸海岸大津波，文春文庫
吉村武彦・吉川真司・川尻秋生編，2019，古代の都　なぜ都は動いたのか，岩波書店
脇田修・脇田晴子，2008，物語　京都の歴史　花の都の二千年，中公新書

■論文等

石田史朗，1995，自然をうまく利用した都市づくり．大場秀章・藤田和夫・鎮西清隆編，日本の自然　地域編5　近畿，岩波書店，p.36-52.
井本伸広，1996，合砥の成り立ち―水と火のはからい．京都天然砥石組合記念誌編集委員会編，記念誌 京都天然砥石の魅力 改訂再版，京都天然砥石組合，p.58-62.
片平博文，2007，12～13世紀における京都の大火災，歴史都市防災論文集，1，p.27-36.
亀井節夫，1981，琵琶湖と京都盆地の形成．京都新聞社編，謎の古代―京・近江，河出書房新社，p.8-33.
河角龍典，2007，平安京の地形環境と災害．立命館大学・神奈川大学21世紀COEプログラムジョイント・ワークショップ，p.3-10.
貴治康夫，2011，高級茶磨用石材に使われた宇治石の地質と開発の経緯．地質と文化，4(2)，p.57-65.
清水大吉郎，2002，筍の地質学．地学教育と科学運動，39，p.59-64.
張平星，2023，巡検案内書：京都の白川石の石材文化．地質と文化，6(2)，p.71-80.
中島和夫・海野和三郎，2009，第6章　豊かな資源と採掘に揺れる星．日本地質学会監修，地学は何ができるか，愛智出版，p.242-290.
原田憲一，1996，崩壊する近代科学の神話．梅原猛編，新たな文明の創造（講座文明と環境第15巻），朝倉書店，p.67-93.
原田憲一，2006，補論　文化地質学的都市論の試み．端信行・中牧弘允・NIRA編，都市空間を創造する，日本経済評論社，p.307-340.
原田憲一，2007，地球を巡る水と我われの暮らし．但馬カルチャー，Vol7，水物語―水めぐる但馬の暮らし　文化と災害，但馬学研究会，p.1-20.

中島暢太郎監修，京都地学教育研究会編，1999，新・京都自然紀行，人文書院
長野正孝，2015，古代史の謎は「鉄」で解ける，PHP新書
長野正孝，2015，古代史の謎は「海路」で解ける，PHP新書
長野正孝，2023，古代史のテクノロジー，PHP新書
林屋辰三郎，1962，京都，岩波新書
原田憲一，1990，地球について―環境危機・資源涸渇と人類の未来，国際書院
琵琶湖自然史研究会編著，1994，琵琶湖の自然史，八坂書房
藤岡換太郎，1997，深海底の科学―日本列島を潜ってみれば，NHKブックス
藤岡換太郎，2012，山はどうしてできるのか，講談社ブルーバックス
藤岡換太郎，2013，海はどうしてできたのか，講談社ブルーバックス
藤岡換太郎，2014，川はどうしてできるのか，講談社ブルーバックス
藤岡換太郎，2016，深海底の地球科学，朝倉書店
藤岡換太郎，2017，三つの石で地球がわかる，講談社ブルーバックス
藤岡換太郎，2018，フォッサマグナ，講談社ブルーバックス
藤岡換太郎，2020，見えない絶景，講談社ブルーバックス
藤岡換太郎，2022，天変地異の地球学，講談社ブルーバックス
藤岡換太郎・平田大二編著，2014，日本海の拡大と伊豆弧の衝突，有隣新書
藤岡謙二郎，1972，大和川，学生社
藤岡謙二郎監修・野外歴史地理学研究所編，1983，琵琶湖・淀川・大和川―その流域の過去と現在，大明堂
藤岡謙二郎監修・野外歴史地理学研究所編，1983，近畿野外地理巡検，古今書院
堀江正治編，1988，琵琶湖底深層1400mに秘められた変遷の歴史，同朋舎出版
前田保夫，1989，六甲山はどうしてできたか，神戸自然誌出版会
正井泰夫監修，2011，京都の地理，青春新書
正井泰夫監修，2011，東京の地理，青春新書
三谷一馬，2001，江戸職人図聚，中公文庫
宮本常一，2011，山に生きる人びと，河出文庫
森谷尅久・山田光二，1980，京の川，角川選書
松田壽男，1970，丹生の研究―歴史地理学から見た日本の水銀，早稲田大学出版部
松田壽男，2005，古代の朱，ちくま学芸文庫
溝縁ひろし写真，2007，重森三玲，シリーズ京庭の巨匠たち1，京都通信社
村井康彦，1982，京都史跡見学，岩波ジュニア新書
村井康彦，1994，平安京物語，小学館
村井康彦，2023，古代日本の宮都を歩く，ちくま新書
森本次男，1942，京都北山と丹波高原，朋文堂

金田章裕，2021，地形で読む日本　都・城・町はなぜそこにできたのか，日経プレミアシリーズ
日下雅義，1998，平野は語る，大巧社
日下雅義，2012，地形からみた歴史，講談社学術文庫
公益財団法人京都市生涯学習振興財団編，2021，平安京百景—京都市平安京創生館展示図録，山城印刷株式会社出版部
佐藤洋一郎，2022，京都の食文化—歴史と風土がはぐくんだ「美味しい街」，中公新書
里口保文，2018，琵琶湖はいつできた—地層が伝える過去の環境，サンライズ出版
寒川旭，1992，地震考古学，中公新書
寒川旭，2001，地震，大巧社
寒川旭，2007，地震の日本史，中公新書
寒川旭，2010，秀吉を襲った大地震，平凡社新書
白幡洋三郎監修・田畑みなお写真，2008，植治—七代目小川治兵衛，シリーズ京庭の巨匠たち2，京都通信社
鈴木康久・肉戸裕行，2022，京都の山と川—「山紫水明」が伝える千年の都，中公新書
千田正美，1978，奈良盆地の景観と変遷，柳原書店
千田稔，1974，埋もれた港，学生社
千田稔，2016，古代飛鳥を歩く，中公新書
千田稔監修，2019，地形と地理で解決!!古代史の秘密55，洋泉社
千田稔監修，2020，カラー版　地形と地理でわかる古代史の謎，宝島社新書
高木秀雄，2017，年代で見る日本の地質と地形，誠文堂新光社
高階秀爾・大野木啓人監修，2006，京都職人，水曜社
高橋昌明，2014，京都〈千年の都〉の歴史，岩波新書
瀧浪貞子，2023，桓武天皇—決断する君主，岩波新書
竹村公太郎，2013，日本史の謎は「地形」で解ける，環境・民族篇，PHP文庫
竹村公太郎，2013，日本史の謎は「地形」で解ける，文明・文化篇，PHP文庫
竹村公太郎，2021，地形と気象で解く！日本の都市誕生の謎—歴史地形学への招待，ビジネス社
巽好幸，2022，「美食地質学」入門，光文社新書
地学団体研究会京都支部編，1976，京都五億年の旅，法律文化社
地学団体研究会京都支部編，1990，新京都五億年の旅，法律文化社
堤之恭，2021，絵でわかる日本列島の誕生　新版，講談社
直木孝次郎，1971，奈良，岩波新書
中島暢太郎監修，京都地学教育研究会編，1988，京都自然紀行，人文書院

参考文献

■図書
足利健亮，2012，地図から読む歴史，講談社学術文庫
市毛勳，1975，朱の考古学，雄山閣出版
伊藤孝，2024，日本列島はすごい，中公新書
上田正昭編，1976，都城　日本古代文化の探究，社会思想社
上田正昭編，1994，平安京から京都へ，小学館
上田正昭，2012，私の日本古代史　上・下，新潮選書
上田正昭・上山春平・梅棹忠夫ほか，京都新聞社編，謎の古代―京・近江　京滋文化の源流を探る，河出書房新社
宇佐美龍夫・石井寿・今村隆正・武村雅之・松浦律子，2013，日本被害地震総覧　599-2012，東京大学出版会
大阪市立自然史博物館監修，2023，ニッポンの氷河時代―化石でたどる気候変動，河出書房新社
大場秀章・藤田和夫・鎮西清隆編，日本の自然　地域編 5　近畿，岩波書店
大邑潤三・加納靖之，2019，京都の災害をめぐる，小さ子社
大邑潤三，2024，地震被害のマルチスケール要因分析，小さ子社
小川勇二郎・久田健一郎，2005，付加体地質学，共立出版
梶山彦太郎，1981，難波古京考，古文物研究会
梶山彦太郎・市原実，1986，大阪平野のおいたち，青木書店
門脇禎二編，1977，史跡でつづる京都の歴史，法律文化社
加納靖之・杉森玲子・榎原雅治・佐竹健治，2021，歴史のなかの地震・噴火，東京大学出版会
鎌田東二編，2010，平安京のコスモロジー―千年持続首都の秘密，創元社
蒲池明弘，2018，邪馬台国は「朱の王国」だった，文春新書
川幡穂高，2022，気候変動と「日本人」20万年史，岩波書店
北原糸子編，2006，日本災害史，吉川弘文館
木下良，1998，道と駅，大巧社
京都市立北白川小学校編，1959，北白川こども風土記，山口書店
京都新聞出版センター編，2007，京の名脇役，京都新聞出版センター
京都伝統文化の森推進協議会編，2020，京都の森と文化，ナカニシヤ出版
金田章裕，2020，景観からよむ日本の歴史，岩波新書
金田章裕，2020，地形と日本人　私たちはどこに暮らしてきたか，日経プレミアシリーズ

著書紹介

藤岡換太郎（ふじおか・かんたろう）

1946年京都市生まれ。

東京大学理学系大学院修士課程修了。東京大学理学系大学院博士課程中退。理学博士。東京大学海洋研究所助手、海洋科学技術センター研究主幹。GODI研究部長、海洋研究開発機構上席研究員をへて、2012年退職。現在静岡大学客員教授。

著書に『フォッサマグナ』『三つの石で地球がわかる』いずれも講談社ブルーバックス、『深海底の地球科学』朝倉書店など多数。

原田　憲一（はらだ・けんいち）

1946年山梨県生まれ。

京都大学大学院博士課程修了（理学博士号取得）。独キール大学研究員、米国ワシントン州立大学客員講師を経て山形大学理学部助教授。同教授を経て京都造形芸術大学（現京都芸術大学）教授。至誠館大学学長。2017年退職後、（株）シードバンク顧問。前比較文明学会会長。

著書に『地球について』国際書院、『地質学者が文化地質学的に考える人間に必要な三つのつながり』ヴィッセン出版、『地球時代の文明学』（共著）京都通信社など多数。

● テキストデータ（文字データ）提供のお知らせ

視覚障害、肢体不自由、発達障害などの理由で本書の文字へのアクセスが困難な方の利用に供する目的に限り、本書をご購入いただいた方に、本書のテキストデータを提供いたします。（※テキストデータは文字情報のみです。図版は含まれません）
ご希望の方は、必要事項を添えて、下のテキストデータ引換券を切り取って（コピー不可）、下記の住所までお送りください。

【必要事項】データの送付方法をご指定ください（メール添付 または CD-Rで送付）
メール添付の場合、送付先メールアドレスをお知らせください。
CD-R送付の場合、送付先ご住所・お名前をお知らせいただき、200円分の切手を同封してください。

【引換券送付先】〒606-8233　京都市左京区田中北春菜町26-21　小さ子社

＊公共図書館、大学図書館その他公共機関（以下、図書館）の方へ
図書館がテキストデータ引換券を添えてテキストデータを請求いただいた場合も、図書館に対して、テキストデータを提供いたします。そのデータは、視覚障害などの理由で本書の文字へのアクセスが困難な方の利用に供する目的に限り、貸出などの形で図書館が利用に供していただいて構いません。

扇状地《せんじょうち》の都《みやこ》
―京都《きょうと》をつくった山《やま》・川《かわ》・土《つち》―

2024年10月25日　初版発行

著　者　藤岡換太郎
　　　　原田　憲一

発行者　原　宏一

発行所　合同会社小さ子社
〒606-8233 京都市左京区田中北春菜町26-21
電話 075-708-6834　FAX 075-708-6839
E-mail info@chiisago.jp　https://www.chiisago.jp

カバー・表紙・本扉装画　出口敦史
装　幀　上野かおる
印刷・製本　シナノパブリッシングプレス

ISBN 978-4-909782-24-3

テキストデータ引換券
扇状地の都